_____ 드림

해독
육아

해독
육아

초판 1쇄 인쇄 2015년 2월 11일
초판 1쇄 발행 2015년 2월 18일

지은이 김우연

발행인 장상진
발행처 (주)경향비피
등록번호 제2012-000228호
등록일자 2012년 7월 2일

주소 서울시 영등포구 양평동 2가 37-1번지 동아프라임밸리 507-508호
전화 1644-5613 | **팩스** 02) 304-5613

ISBN 978-89-6952-057-9 03590

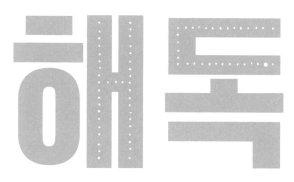

해독

알레르기 · 성장장애 · 발달장애 · 소아비만을 해결하는

육아

김우연 지음

경향BP

식생활 위기의 시대, 가정은 어떠십니까?

식생활 잘하시나요? 좋은 음식 잘 드시고 계신가요? 쉽지 않은 질문이지요. 많은 분들이 불안해하십니다. 걱정하십니다. 먹는 게 정말 조심스럽다고들 말씀하십니다. 특히 어린 자녀의 식생활 하면 더욱 그렇습니다. 그야말로 '식생활 위기의 시대'입니다.

그럼 가장 걱정되는 것이 뭘까요? '식생활 불안'의 정체를 한번 생각해보시지요. 많은 이들이 식중독을 떠올리시지 않을까요? 그렇습니다. 식중독, 무섭지요. 요즘 특히 단체급식이 증가함에 따라 식중독은 식생활 안전을 해치는 공포의 아이콘으로 떠올랐습니다. 얼마 전에도 국내 제과 대기업의 웨이퍼 과자에서 식중독균이 검출됐다고 해서 꽤나 시끄러웠지요.

그런데 저는 이 식중독, 그다지 크게 염려하지 않습니다. 물론 식중독이 무섭지 않다는 것은 아닙니다. 조심해야지요. 제가 식중독을 염려하지 않는 이유는 다른 데 있습니다. 생물학적인 유해성이기 때문입니다. 생물학적인 유해성은 한 가지 특징이 있습니다. 증상이 곧바로 나타난다는 점입니다. 변질된 음식을 먹으면 금세 표시가 나지 않습니까. 복통, 설사, 구역질, 두드러기 등으로 고통을 줍니다. 그래서 누구든 조심하지요. 식품위생에 만전을 기하려고 애쓰지요.

우리가 식생활 안전에서 조심해야 할 것은 바로 화학적인 유해성입니다. 말 그대로 '화학물질이 만드는 유해성'이지요. 이 유해성은 증상이 곧바로 나타나지 않습니다. 서서히 몸과 마음을 해칩니다. 그것이 문제지요. 소비자들을 방심하게 만듭니다. 결과는 치명적인데요, 이른바 현대병으로 알려진 생활습관병이 그것입니다. 일본에서는 식원병食原病이라고 하지요.

유감스럽게도 이 화학적인 유해성은 아이들에게 더욱 치명적입니다. 건강한 어른의 몸은 유해물질의 공격을 어느 정도는 막아내지요. 그러나 아이들의 몸에는 그 방어 기능이 채 갖춰져 있지 않습니다. 더구나 아이들은 훨씬 적은 양의 화학물질에도 민감하게 반응합니다. 체구가 작기 때문이지요. 아이들, 특히 유소아의 식생활 안전이 더 중요한 까닭입니다.

그래서입니다. 어린 자녀를 둔 부모라면 꼭 알아야 합니다. 우리 아이를 노리는 유해 화학물질은 무엇일까요? 마침 좋은 책이 나왔네요. 한 한의학자가 오랜 임상 경험과 연구 결과를 집대성했습니다. 저자는 유해 화학물질을 '독소'라는 말로 명쾌하게 설명하고 있군요. 그렇습니다. 그것은 다름 아닌 독소입니다. 요즘 아이들의 4대 질병군으로 꼽히는 알레르기, 성장장애, 발달장애, 소아비만의 씨앗입니다.

중요한 것은 해결책이겠지요. 저자는 독특한 해독 식단으로 정답을 제시합니다. 그것은 바로 좋은 음식이 만드는 선순환입니다. 저자는 의료인이기 이전에 세 아이를 키우는 부모이기도 하군요. 이 책이 제시하는 '해독 육아'가 더 궁금해지는 이유입니다. 식단까지 구체적으로 소개되어 실용성을 더해주네요.

이 책은 그렇다고 화학물질 타령만 하는 것이 아닙니다. 코알라가 유칼립투스 잎을 먹는 이유가 종족 보존의 수단이었군요. 'AQ항산화 지수'에 대해 아시는지요? 맛에도 약이 되는 맛이 있고 독이 되는 맛이 있었네요. 다른 책에서는 쉽게 접할 수 없는 기발한 이야기들이 읽는 재미를 더해줍니다. 아이 건강만을 위한 책이라고요? 천만에요. 독소는 아이 몸에만 쌓이는 것이 아니잖아요. 어른 건강의 지침서이기도 합니다.

'백문이 불여일견'이지요. 한번 읽어보세요. 실천하세요. 가정에 건강이 싹틀 겁니다. 이 시대 최고의 행운입니다.

후델식품건강교실 안 병 수

지금은 해독의 시대, 음식으로 해결하라

음식에는 플러스 요인과 마이너스 요인이 늘 공존하고 있다. 음식을 단순히 영양 섭취나 식도락의 대상으로만 여겼다면 이제는 고정 관념의 틀을 벗어야 할 때이다. 음식은 약이 되기도 하지만 정반대로 무서운 독이 되기도 한다. 음식이 내 아이를 살리기도 하지만 내 아이의 건강을 해치는 주범도 바로 이 음식이다. 지금은 해독의 시대이다. 과연 그 많은 독소가 어디에서 오는 것일까? 해독의 시작은 음식이다. 음식에 독이 들어오자 사람도 독소로 병드는 시대가 되었다. 소아의 해독은 어쩌면 음식이 전부라고 해도 과언이 아니다.

"괜찮아, 괜찮아! 다 그런 거지 뭐. 요즘 같은 시대에 뭐 이런 것 가리고, 저런 거 가리다 보면 아이들에게 뭘 먹여? 그냥 대충 키워. 그러다 보면 다 적응되고 그냥 문제없어."

만일 누군가 이렇게 얘기한다면 이 책을 읽지 않아도 된다. 문명이 발달하고 먹거리가 풍부해진 우리 시대이다. 그래도 내 아이에게 뭘 먹이고 어떤 음식을 가려야 좋을지 망설여지는 까다로운 부모들을 만나고 싶다. 어느 날 어머니 한 분이 어린 남매를 데리고 내원하였다.

"선생님, 저희 애들을 살려주세요. 이젠 온몸이 가려워 잠도 못 잘 지경에 이르렀어요. 너무너무 안쓰러워요. 우리 애들이 나을 수 있을까요?"

한눈에 보기에도 두 아이 모두 얼굴부터 발끝까지 사정없이 긁어서 진물이 나고 피투성이였다. 아토피였다. 이런 약, 저런 약 다 처방받고 연고도 수없이 발랐지만 잠시 호전될 뿐이었다. 점점 더 아토피가 심해져서 이제 어떻게 손을 써야 할지 모르겠다며 누군가의 소개로 실낱같은 희망을 가지고 왔다는 말을 했다. 그 어머니의 얘기를 듣고 몇 가지 기본적인 진찰을 한 후 말씀드렸다.

"이제껏 치료는 증상을 완화하는 일종의 대중치료였어요. 그러나 근본 치료가 진행되지 않았어요. 근본은 바른 식생활에서 시작하는 거예요."

이 책에서 알리고 싶은 핵심은 바로 이 부분이다. 우리 아이들의 건강을 되찾게 하는 식생활의 전환은 무엇일까? 그 해답을 얻기 위해서는 우리가 이미 알고 있다고 잘못 믿는 문제, 즉 음식이 무엇인지, 우리는 음식을 왜 섭취하는지부터 되짚어 보아야 한다.

음식에서 유래하는 독소는 마치 컴퓨터의 바이러스와도 같다. 바이러스가 컴퓨터의 기능을 소리 없이 마비시켜 가듯이 음식독은 우리 몸을 천천히 중독시킨다. 음식이 치명적인 독이 되는 줄 깨우친 부모는 그제야 아이의 음식을 살피고 조심한다. 컴퓨터에 바이러스가 없다면 무한 자유를 누릴 것 같지만 오히려 불법 게임이나 야동에 빠져들기 쉽다. 음식에 독이 있다는 말은 공감이나 협

박이 아닌 균형적인 시각으로 음식을 대하자는 것이다.

요즘 들어 과거에는 존재감조차 없던 너무나도 많은 질병이 내 아이의 건강을 해치고 있다. 이 모든 병을 요약하면 알레르기, 성장장애, 발달장애, 소아비만의 4대 질병군으로 귀결된다. 급한 불을 끄듯이 증상 완화에만 급급하거나 병의원만 이리저리 다녀서는 언제까지나 지루한 병과의 싸움을 끝낼 수 없다. 병의 뿌리인 독소를 제거하는 해독에서 답을 얻기를 바란다.

이 책을 내면서 마음 깊이 감사드려야 할 분들이 있다. 식품의 위해성과 올바른 먹거리를 알리는데 선구자적인 길을 걷고 있는 후델식품건강교실의 안병수 대표와 발효한약 연구에 아낌없는 지원과 조언을 해주신 카이스트 이엠생명과학연구원의 서범구 원장, 두 분이야말로 필자에게는 멘토나 다름없다. 책이 나오기까지 편집, 출간에 성심을 다해주신 경향미디어 장상진 대표, 이영민 편집장과 관계자분들께도 진심으로 감사드린다. 그리고 언제나 나의 곁에서 삶의 길벗이 되어주는 아내 희수와 소중한 세 딸 정진, 명진, 동희에게 사랑의 마음을 전한다. 연로하신 어머께 이 책을 헌정한다.

한의사 김 우 연

PART 1

음식의 독소를
푸는 열쇠는 해독이다

아이들의 4대 질병 발병이 급증하고 있다 · 16

알레르기, 발달장애, 성조숙증, 소아비만의 뿌리는 하나이다 · 22

3가지 유형의 음식독 · 30

음식의 독소가 쌓이면 자기중독증이 된다 · 36

음식으로 인한 독소로부터 내 아이의 건강을 지키자 · 39

분유의 불편한 진실 · 46

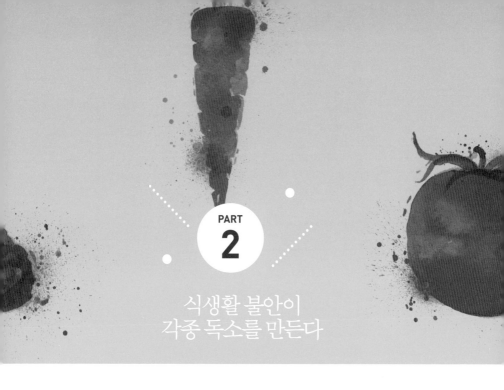

PART 2

식생활 불안이
각종 독소를 만든다

아이 대변의 3가지 주성분에 주목하자 · 56

장내 독소야말로 알레르기의 주범이다 · 62

우리나라 유소아의 90%는 유당불내증이다 · 68

우유는 살균 과정과 4대 첨가물에 문제점이 있다 · 75

밀가루 음식이 아이의 기호식품이 되어서는 안 되는 이유 · 81

정제당과 인공감미료를 줄이면 뇌 기능이 좋아진다 · 90

들기름, 참기름, 올리브유가 트랜스지방산의 대안이다 · 99

고기와 함께 채소, 버섯을 잘 먹는 아이가 독이 없다 · 107

항생제 처방에 신중한 단골의사를 만나자 · 114

모유가 가가 막히 · 120

PART 3

해독이 내 아이의 항산화 지수(AQ)를 높인다

영양의 선순환에서 모든 해독이 시작된다 · 128

4대 질병의 근본 치료는 좋은 영양과 해독법에 있다 · 135

해독에는 비타민, 미네랄, 효소, 식이섬유, 항산화 성분이 필수이다 · 144

입맛이 건강한 아이가 오장육부가 튼튼하다 · 151

아이를 독이 되는 맛이 아닌 약이 되는 맛에 길들이자 · 156

해독 식단의 70 : 15 : 10 : 5의 비율을 습관화하자 · 164

아이의 해독은 '2당 1락'이다 · 173

해독이 되면 항산화 지수가 높은 건강한 아이가 된다 · 179

약선과 약념이야말로 최고의 해독식이다 · 188

아토피와 피부소 · 195

PART
4

내 아이의 체질을
개선하는 해독의 비법

곡물, 채소, 버섯, 해조류로 대표되는 해독 음식 · 202

최고의 천연 백신 김치, 최고의 해독식품 청국장과 된장 · 209

유기농 원당, 구운 소금, 올리브유로 대표되는 해독 양념 · 218

알레르기 체질을 개선하는 해독 식단 · 224

키 성장을 촉진하는 해독 식단 · 230

우리 아이의 머리가 똑똑해지는 해독 식단 · 237

아이의 건강 다이어트에 효과적인 해독 식단 · 244

아기의 해독, 완모와 밥물분유 · 250

음식의 독소를
푸는 열쇠는 해독이다

01

아이들의 4대 질병 발병이
급증하고 있다

지금 우리 아이들에게는 해독이 필요하다

아이를 키운다는 것은 예나 지금이나 부모의 입장에선 버거운 일이
다. 아이가 잘 안 클 때면 옛 어른들은 "애들은 잘 먹고 잘 놀고 잘 자면
때가 되어 큰다"고 위안하였다. 경험으로 하던 이 말은 현대에 와서 과학
적으로도 그대로 입증이 되었다. 균형 잡힌 영양, 적당한 운동, 충분한 수
면이야말로 아이들이 건강하게 자라는 기본 요건이다. 그런데 불문율처
럼 여겼던 육아에 대한 이러한 통념이 이제는 바뀌어야 할 시점이 되었
다. 우리 자신이 인지하지 못하는 사이에 아이들도 해독을 해야 하는 시

대로 변한 것이다. 이제 해독을 하지 않는 단순한 영양 보충이나 기력 보충은 반쪽 육아이자 반쪽 치료이다.

못 먹고 못 살았던 시절에는 아이가 그저 잘 먹고 잘 놀면 그것만으로도 만족하였다. 그런데 지금은 그렇지가 않다. 요즘은 과잉 영양의 문제도 대두되고 있지만 독소가 건강을 해치는 시대로 변하였다. 이 모든 일이 불과 반세기 만에 상전벽해와도 같이 벌어지고 있다. 내 아이에게 해독이 필요한 이유는 과연 무엇일까? 어린아이에게 무슨 독소 타령이냐고 의심을 할 부모들도 많을 것이다. 아이의 몸속에 있는 독소를 눈으로 직접 보여줄 순 없지만 독소를 입증할 만한 증거와 자료들이 속속히 드러나고 있다. 특히 아이들의 질병이 어떤 형태로 변모하고 있는지를 분석해보면 독소가 아이들에게 어떤 해악을 끼치고 있는지 쉽게 파악이 가능하다. 지난 50년 사이에 국내의 유소아 연령층에서는 질병의 추세가 엄청난 변화를 일으키고 있다. 질병에도 질풍 노도기가 있다고 하면 우습지만 과거에 전혀 존재하지 않았거나 극히 드물었던 질병이 우후죽순처럼 급격히 늘어나고 있다. 그리고 이 질병들은 대표적인 4대 질병군인 알레르기, 발달장애, 성장장애, 소아비만으로 귀결이 된다.

급증하는 아이들의 4대 질병군

내 집 앞에서 보면 근처에 몇 개의 집과 골목이 보일 뿐이지만 산 정상에서 내려다보면 도시 전체가 한눈에 들어온다. 우리 주변에 비염이나 아토피가 있는 아이들이 꽤 있나 보다 하겠지만 통계로 보면 질병의 추세가 확연하게 드러난다. 아래의 통계 자료를 보면 우리의 눈을 의심케 할 정도의 깜짝 놀랄 만한 내용들로 가득하다.

국내 질병관리본부 질병예방센터에는 우리나라 소아 연령층의 알레르기 질환 유병률을 5년 주기로 조사한다. 2010년 기준 전국의 45개 초등학교에서 1학년 학생 4,003명과 40개 중학교에서 1학년 학생 4,112명을 대상으로 알레르기 유병률을 통계냈다. 조사 기간을 기준으로 1년 동안의 천식 증상 유병률이 초등학생은 10.3%, 중학생은 8.3%였다. 알레르기 비염의 1년간 유병률은 초등학생이 44.5%, 중학생이 42.5%였고, 아토피피부염의 1년간 유병률은 초등학생이 20.6%, 중학생이 12.9%였다. 이를 2000년의 통계 자료와 비교해보면 천식의 유병률은 약간 증가 또는 정체 현상을 보인 반면 알레르기비염과 아토피피부염은 초등학생 및 중학생 모두 유병률이 계속 증가하는 추세이다.

	아토피피부염	알레르기비염	소아천식
초등학교 1학년	20.6%	44.5%	10.3%
중학교 1학년	12.9%	42.5%	8.3%

* 2010년도 국내 질병관리본부 질병예방센터에서 발표한 알레르기 유병률

이 통계 자료에서는 매우 흥미로운 대목이 발견된다. 일반적으로 의학적인 관점에서 볼 때 알레르기 질환은 연령의 증가와 함께 유병률이 점차 낮아지는 것으로 평가된다. 예를 들어 알레르기비염은 초등학교 저학년에서 고학년이 되는 시기에 50% 정도가 호전된다. 이러한 근거에 의하면 앞의 조사에서 초등학교 1학년 학생의 유병률이 44.5%라면 중학교 1학년 학생의 유병률은 20% 초반대로 감소해야 정상이다. 국내 성인의 알레르기비염이 20%대인 걸 감안해도 충분히 자연호전율을 기대할 수 있다. 그런데 2010년의 조사 결과는 초등학생과 중학생의 알레르기비염 유병률이 44.5%와 42.5%로 거의 대등한 수준으로 나타났다. 다시 말해 알레르기비염은 자연호전율의 기대치마저 사라진 셈이다. 이는 현재 알레르기 질환이 얼마나 광범위하게 진행되고 있는지를 간접적으로 시사해준다.

발달장애의 추이 변화도 놀랍다. 우리가 어릴 적엔 발달장애라는 용어 자체를 모르고 살았지만 이제는 너무도 많은 부모들이 내 아이가 ADHD가 아닐까 내심 우려한다. 발달장애에는 ADHD주의력결핍과잉행동장애, 자폐증, 정신지체 등이 있다. 지난 20년 사이에 자폐증 환자는 무려 600%나 증가한 것으로 보고되었다. 국내 ADHD 환자는 2007년부터 2011년의 5년간 연평균 4.4%씩 증가하고 있다. 2003년에서 2009년 사이에 국내 병원에서 진료를 받은 ADHD 환자 수로만 238%의 증가율을 보이고 있다. 아이들의 발달장애의 증가율은 역사상 그 전례가 없을 만큼 가히 폭발적인 추세를 보이고 있다.

성장 측면에서도 아이들에게서 매우 특징적인 이상 징후가 발견되고 있다. 현재 우리나라 성인 남자의 평균 키는 173.3cm, 성인 여자의 평균 키는 160.9cm로 아시아 국가 중에서는 남녀 모두 평균 키가 가장 큰 것으로 발표되었다. 한국인의 평균 키는 구한말인 19세기 말까지는 미미한 변화를 보이다가 20세기 중반 이후에 가파르게 증가하였다. 이러한 평균 키의 급격한 변화는 확실히 영양 개선, 감염병 발병률의 감소와 관련이 깊다. 여기서 문제가 되는 것은 평균 키의 증가와 함께 아이들의 성조숙증이 빠른 속도로 늘어나고 있다는 점이다. 현재 성장 치료를 위해 대학병원을 찾는 소아 환자들은 2가지의 성장 치료, 즉 성장호르몬 치료와 성조숙증 치료를 받고 있다. 아이가 성조숙증으로 진단이 되면 먼저 성호르몬억제제 치료를 받은 후 일정 기간이 되면 성장호르몬 치료로 전환하는 것이 현재 대학병원에서의 성장 치료 패턴이다.

소아비만도 예외가 아니다. 대한소아과학회의 발표에 의하면 우리나라의 소아비만 유병률은 1980년 이전까지는 3% 수준이었다가 2007년에는 과체중 19%, 비만 9.7%까지 급증하였다. 교육부의 통계 자료에는 2013년 국내 초·중·고 학생의 15.3%가 비만아인 것으로 발표되었다. 우리나라의 소아비만 비율은 OECD 국가 중에서 아직은 낮은 편이지만 증가 속도로 보면 머지않아 OECD 평균 수준까지 올라갈 가능성이 있다. 소아비만일 때 성인비만으로 진행이 될 가능성은 얼마나 될까? 연세대학교 예방의학교실의 조사 자료에 의하면 생후 6개월의 영아가 비만이었을 때 성인비만이 될 확률은 약 14%인 반면 7세 아이가 비만이면 약 41%,

10~13세 아이가 비만이면 약 70%로 높게 나타났다. 소아비만의 심각성은 대사증후군에 따른 2차 합병증의 우려와 성인비만으로 이어지는 것에 있다.

알레르기, 발달장애,
성조숙증, 소아비만의
뿌리는 하나이다

　알레르기, 발달장애, 성장장애, 소아비만 질병군의 원인은 공통적으로 병원균에 의한 감염이 아니다. 알레르기는 꽃가루, 집먼지진드기, 매연, 미세먼지, 동물의 털과 같은 흡입성 항원이나 금속, 풀, 벨트 등의 자극에 의한 접촉성 알레르기가 원인이 되기도 한다. 발달장애는 임신 중의 약물, 출산 전후 태아의 뇌 기능 손상, 조기 교육에 따른 스트레스, 핵가족화가 주요 요인이며 성조숙증은 한때 환경호르몬이 원인으로 지적되었다. 소아비만의 증가 요인은 주로 영양 과다와 운동 부족이 손꼽힌다. 이러한 원인들도 분명히 문제가 되고 있지만 더욱 근본적이고 중요한 원인은 따로 있다. 그것은 바로 이 책에서 줄곧 강조하는 독소이다. 독소 중에서도 대표적으로 음식독이다. 우리 몸속으로 매일 섭취하고 있는 음식으로부터 유래되는 독소가 알레르기, 발달장애, 성장장애, 소아비만을 초래하는 최대이자 최악의 원인이다.

알레르기의 원인

지금까지 알레르기 학설은 가설에서 가설로 계속해서 그 이론이 변천되어 왔다. 우리가 흔히 알고 있던 알레르기 이론은 항원항체설이다. 일반적으로 외부에서 들어오는 항원에 대한 항체의 반응은 정상적인 면역작용이다. 이때 항원이 되는 침입자로는 주로 바이러스, 세균과 같은 병원성균이다. 반면에 알레르기 환자는 꽃가루, 집먼지진드기, 계란, 우유와 같은 특정 물질을 항원으로 인식하여 IgE 항체가 형성된 후에 기관지나 코 점막에 분포하는 비만세포나 호염기구의 표면에 붙어 있게 된다. 그 후에 항원이 재차 들어오면 IgE 항체와 항원항체 반응이 일어나면서 비만세포 또는 호염기구가 파괴될 때 히스타민, 세로토닌과 같은 과민성 물질이 방출되면서 알레르기 반응이 일어난다.

1990년대 중반 이후에는 T 림프구인 조절 T 세포의 존재가 밝혀지면서 면역 체계의 기전에 새로운 이론이 등장하였다. 면역 반응이란 외부에서 항원이 들어오면 사격 개시를 하면서 염증 반응이 일어나는데 이때 공격세포만 너무 많아지면 면역 체계의 균형이 깨어진다. 조절 T 세포는 인터루킨-10이라는 사이토카인을 분비하여 사격 중지 명령을 하면서 염증 반응을 조절한다. 그런데 알레르기 환자에게는 이 조절 T 세포와 인터루킨-10이 부족하여 과도한 염증 반응이 일어나게 되는데 이것이 알레르기 증상이라는 이론이다.

현재 서구에서 가장 부각되는 최신 알레르기 이론은 위생가설이다. 이 학설은 도시 사람들이 시골 사람들에 비하여 알레르기 확률이 높고, 위생 관념이 높은 부모에게서 자란 자녀일수록 알레르기가 많으며 형제 중에서도 위생 환경에 관대한 둘째, 셋째 아이들이 첫째 아이에 비하여 알레르기 확률이 상대적으로 낮다는 등의 자료에서 근거하고 있다. 위생가설에 의하면 선진국의 폭발적인 알레르기 질환의 증가 원인이 유아기에 세균이나 바이러스 등에 감염될 기회가 줄었기 때문이라는 것이다.

위생가설을 근거로 최근에는 서구에서부터 프로바이오틱스 요법이 알레르기 질환의 새로운 대안으로 시도되고 있다. 최근 1~2년 사이에 국내에서 유산균 붐이 재차 일어나고 있는 것도 같은 맥락이다. 지나친 위생 관념은 장내에서 유익균의 감소와 유해균의 증가를 초래한다. 유해균의 증가에는 이와 같은 과도한 위생 처리와 함께 가공식품과 식품첨가물의 과도한 섭취가 빠질 수 없다. 가공식품과 식품첨가물의 섭취가 과도하면 유해균의 증가, 장내 소화 흡수력의 약화, 유해 독소의 증가로 이어져 장내 면역세포가 약해지면서 이와 함께 알레르기의 증가로 나타나게 된다.

발달장애의 원인

발달장애의 원인은 매우 복합적이긴 하지만 최근에는 식품이 뇌 기능과 발달장애에 미치는 영향에 관한 연구가 심도 있게 진행되고 있다. 발달장애의 최신 이론에서 뇌를 망가뜨리는 식품의 주범은 정제당 및 인공감미료, 트랜스지방산, 식품첨가물의 3가지가 특히 두드러진다. 장은 뇌의 신경세포와 동일한 신경세포가 분포하는 유일한 장기이다. 또한 장은 제2의 뇌로 행복 호르몬인 세로토닌의 주요 공급처임이 밝혀졌다. 식품이 독이 되어 장내 환경을 악화시키고 독소가 뇌 기능을 교란시키면 신경질과 짜증이 나고 불안하고 초조해지며 집중력과 학습 능력이 떨어진다. 이 현상이 악화되면 ADHD나 자폐증 등의 발달장애, 청소년 비행과 범죄로 이어지게 된다.

우리 몸의 세포 수는 소아가 60조, 어른은 100조 개로 구성되어 있는데 그중 뇌세포는 140억 개에 지나지 않는다. 출생 시 뇌의 무게는 400g인데 생후 6개월이 되면 2배가 되고, 6세에는 성인의 90%가 되며 성인의 뇌 무게는 약 1.4kg이 된다. 뇌의 중량은 몸무게의 2%에 불과하고 뇌세포의 숫자도 적은 편인데 이 뇌가 몸 전체를 조절한다. 뇌에 흐르는 혈류량은 몸 전체 혈류량의 15%이며 뇌가 사용하는 산소와 칼로리는 무려 20%나 된다. 뇌는 60%의 불포화지방산과 30%의 단백질로 구성되었고 특이하게 포도당만을 에너지로 사용한다. 뇌가 하루에 필요로 하는 포도당량은 100g 정도이다. 뇌는 작지만 매우 특수한 역할만큼이나 독특한 영양 공급을 필요로 한다.

뇌는 매일같이 포도당을 에너지로 써야 하는데 정제당과 인공감미료를 과다 섭취하면 뇌가 천연당을 충분히 공급받지 못하면서 뇌 기능이 망가진다. 정제당이 탄수화물의 탈을 쓰고 뇌를 괴롭히는 반면 트랜스지방산은 뇌에 오메가-3 지방산의 결핍을 초래한다. 또한 뇌를 구성할 때 세포막과 신경전달물질의 생성에는 지방이 필수적인데 트랜스지방산이 끼어들면 소아의 뇌세포와 신경 체계가 위협받을 수밖에 없다. 정제당과 트랜스지방산 말고도 MSG와 같은 식품첨가물에는 입맛을 유혹하는 중독성 있는 맛과 함께 뇌신경계를 불안정하게 하는 신경교란물질이 포함되어 있다. 현미 속의 가바^{GABA} 성분은 뇌를 안정시키는 반면에 MSG는 뇌를 흥분시키고 뇌 기능을 교란한다. 정제당, 트랜스지방산, 식품첨가물이 음식에 포함되어 장에서 흡수되고 장에는 신경세포가 분포하고 있기에 뇌 건강에 있어서 장은 지대한 영향을 끼친다. 이런 근거로 최근 들어 장은 제2의 뇌로 불리고 있다.

성조숙증의 원인

성조숙증의 주원인으로도 가공식품과 식품첨가물이 주목되고 있다. 식습관의 서구화가 성조숙증을 유발한다는 것은 지속적으로 지적되어 온 이슈이다. 성조숙증의 가장 대표적인 사례로 푸에르토리코 사건이 있다. 1970년대 말 푸에르토리코에서 생후 7개월 된 아기의 유방이 부풀어 오르고, 2세 미만의 여아에게서 음모가 나며 심지어 3~6세의 여아들이 생리를 하는 미스터리한 성조숙증 현상이 집단적으로 발생하였다. 무려 2천 명에 달하는 여아들에게 발생하여 온 세상이 떠들썩했다. 플로리다 지역에서 수입된 닭고기기 의심 품목으로 지목되었으나 결국 증거 불충분으로 흐지부지되었다. 하지만 그 당시 가금류인 닭의 체중을 늘리기 위해 여성호르몬인 에스트로겐이 관행적으로 사용된 점을 고려하면 의심받기에 충분하였다.

일부에서는 콩에 함유된 이소플라본이 여성호르몬의 전구물질로 성조숙증을 유발한다는 주장이 있는데 이는 선뜻 동의하기가 어렵다. 콩은 우리나라를 중심으로 동북아 지역이 원산지인 곡물이다. 유구한 역사를 거쳐오면서 우리 민족이 쌀, 보리, 밀과 함께 주식으로 삼았던 대표적인 곡물이 콩인데 성조숙증은 최근 들어 환자 수가 급증하고 있는 증상이다. 요즘의 아이들은 콩의 섭취량이 과거의 아이들보다 훨씬 적다는 것을 가정할 때 설득력이 떨어질 수밖에 없다. 식물에 함유된 파이토에스트로겐인 이소플라본을 오히려 균형 있게 섭취해야 신진대사가 원활해진다.

단일식품인 우유는 성장식품이자 성조숙증을 유발하는 이중적인 효과를 가진 식품이다. 우리나라에 우유가 본격적으로 보급된 시기는 1950년대 초반 6. 25 전쟁을 전후해서이다. 국내의 우유 보급 및 우유 소비량이 늘어난 시기와 평균 키가 증가한 시기는 매우 일치한다. 우유에는 모유보다 3~10배나 많은 성장인자가 함유되어 있다. 우유를 비교적 잘 흡수하는 체질은 우유를 마셨을 때 성장 속도가 뚜렷하게 증가할 수 있다. 반면에 우유에는 필연적으로 여성호르몬 성분이 많이 함유될 수밖에 없다. 젖소의 젖을 지속적으로 짜내기 위해서는 젖소의 임신을 계속 유도해야 하는데 임신된 젖소는 여성호르몬이 증가하기 때문이다.

소아비만의 원인

세계보건기구WHO는 1996년 이후 세계적으로 비만 인구가 5년마다 2배씩 증가하고 있다고 밝혔다. 아울러 비만을 치료가 필요한 만성 질병으로 경고하였다. 우리나라에는 해마다 2만 2천여 명의 아이들이 새롭게 소아비만 및 대사증후군에 걸리는 것으로 분석되었다. 아이들의 고도비만율도 2010년 기준으로 1.25%나 되었다. 특이한 점은 최근 10년 사이에 미국의 소아비만 인구는 점차 줄어드는 반면에 우리나라의 소아비만 인구는 갑절이나 증가하고 있다는 것이다. 소아비만에도 양극화 현상이 벌어져서 우리나라의 고소득층 자녀는 비만 유병률이 줄어드는 반면에 저소득층 자녀 사이에서는 2배 이상 증가하는 추세이다.

이런 점에서 볼 때 소아비만을 단순히 영양 또는 열량 섭취의 과다나 운동 부족으로만 평가해서는 안 된다. 소아비만은 영양의 불균형적인 섭취와 함께 음식으로 인한 독소 축적이 원인이다. 유전과 체질에 따라 음식독은 지나치게 과체중이 되게 할 수도 있고, 반대로 좀처럼 살이 안 찌는 저체중이 되게 할 수도 있다. 과체중과 저체중은 병이 되는 신체 반응의 차이일 뿐 독소가 원인이 되는 것은 공통적이다. 비만과 관련하여 음식으로부터 생성되는 독소 중의 독소는 정제당과 트랜스지방산이다. 정제당은 당의 흡수 속도를 지나치게 빠르게 하여 혈액 내에서 혈당을 관리하는 시스템을 붕괴시킨다. 혈당이 세포로 이동하지 못하면 인슐린 저항증과 함께 간에서 지방세포로 전환된다.

또 트랜스지방산을 과다 섭취하면 체내에서 과산화지질 형태로 분해되지 않은 채 내장 조직에 쌓이게 된다. 이 외에도 수입 정제밀과 식염으로 대표되는 정제된 가공식품, 식품첨가물 등은 체내에 독소를 쌓고 대사 기능을 방해하는 주범이다. 정크푸드의 상징으로 대변되는 햄버거야말로 소아비만을 유발하는 독소와 과다 열량을 총체적으로 함유한 식품이다. 소아비만의 절반은 성인비만으로까지 이어진다. 소아비만은 키 성장에도 영향을 주어 성조숙증과 성장부진의 원인이 되기도 한다. 소아비만이 이른 시기에 발병되면 성인병으로 분류되는 고지혈증, 동맥경화, 고혈압, 당뇨병, 지방간, 간염, 천식, 수면 무호흡, 퇴행성 관절 질환, 만성두통, 암 등 관련된 대사증후군metabolic syndrome의 발병률까지 높아진다.

3가지 유형의
음식독

아이들 질병의 주원인은 음식독이다

이제 구체적으로 독소에 대하여 알아보기로 하자. 독소가 만연하는 시대이다. 육지와 해양, 대기 중에는 각종 독소가 가득하다. 토양은 농약과 화학비료를 지속적으로 사용한 결과 산성화로 몸살을 앓고 미네랄 결핍도 심각하다. 해양은 육지로부터 밀려드는 오폐수와 방사능물질로 오염되고 있다. 대기는 각종 매연과 배기가스, 미세 먼지, 환경오염물질로 탁해졌고, 오염의 폐해로부터 인류는 자유로울 수 없었다.

과거에 비하여 영양이 개선되고 위생 시설이 좋아지면서 급성 질환과

30

감염병이 크게 줄어들었다. 항생제와 백신의 눈부신 성과로 어떤 학자는 21세기가 되면 인류를 괴롭히던 질병이 완전 정복될 것이라고 단언하기도 하였다. 1990년부터 총 30억 달러를 투자해서 다국적팀으로 결성된 인간게놈 프로젝트는 암과 불치병을 정복하기 위해 야심차게 유전자 지도를 기획하였다.

그러나 이러한 장밋빛 청사진과는 달리 새로운 세기를 맞이한 인류는 알레르기, 자가면역질환, 암과 같은 난치병에 관하여 여전히 답보적인 치료 성과에 머물고 있다. 게놈 프로젝트 역시 완성도가 90%에 불과한 미완성의 유전자 지도에서 종결되고 말았다. 미제로 남은 10%의 유전자 지도가 완성되지 않는 한 게놈 프로젝트를 질병 치료에 도입하기란 무모할 수밖에 없다. 결과적으로 현시점에서 인류가 정복하지 못하고 있는 질병의 분야는 주로 만성난치병인 알레르기, 자가면역질환, 암 등이다. 소아의 4대 질병군인 알레르기, 발달장애, 성장장애, 소아비만 역시 큰 관점에서 볼 때 그 맥락이 동일하다.

질병의 원인 분석이 유전자 해독만으로 완전할 리는 없다. 오히려 질병은 유전성보다는 후천적인 요인이 더 높은 비중을 차지하기 때문이다. 과거에 없던 질병이 현대에 급증하고 있는 사례를 보더라도 유전보다는 후천적인 요인을 더 심도 있게 분석해야 한다. 후천적 요인 중에서 현대에는 독소가 질병의 원인으로 크게 자리잡고 있다. 질병의 원인을 구별할 때 유전, 감염, 사고에 의한 외상, 독성물질 등을 제외하면 주로 스트레스, 피로, 수면장애, 잘못된 식습관 등이 복합적으로 작용한다. 이 중에서 만성난치병에 독소로 작용하는 요인으로 스트레스독, 피로독, 음식독, 약물독, 환경호르몬독 등을 꼽을 수 있다.

아이와 어른을 비교하자면 아이는 어른에 비하여 스트레스독, 피로독, 환경호르몬독, 약물독은 상대적으로 적은 편이다. 반면에 아이는 우선 외부로부터의 병원균에 매우 취약하다. 병원균에 의한 감염은 오늘날도 아이들에게 매우 치명적이긴 하지만 이는 과거보다 훨씬 줄어들었다. 현대는 영양 상태가 좋아지고 먹거리가 풍부해졌음에도 가공식품과 식품 첨가물이 늘어나면서 음식독이 차지하는 비중이 훨씬 더 커졌다. 어른은 스트레스독이나 피로독이 음식독보다 비중이 높을 수도 있지만 아이는 단연 음식독의 비중이 높다. 만성난치병이 무엇이든 간에 선천성 유전병을 제외하면 아이의 병은 음식독이 차지하는 비중이 단연 높다. 달리 말하면 음식독을 최우선적으로 해결하면 만성난치병을 치료하는 데 상당한 성과를 거둘 수 있다.

3가지 유형의 음식독

음식독은 표에서 보듯이 크게 3가지로 분류할 수 있다.

파이토알렉신	식물 고유의 미량 독소(=항생물질 또는 천연 항균제)
약물독	농약, 화학비료, 항생제, 재조합 성장호르몬
첨가물독	가공식품에 함유된 식품첨가물

먼저 천연 성분 자체의 독인 파이토알렉신^{phytoalexin}이다. 파이토^{phyto}는 '식물', 알렉신^{alexin}은 '살균소'라는 의미다. 파이토알렉신은 파이토케미컬의 한 부류이다. 식물에는 매우 다양한 영양소가 함유되어 있는데 비타민, 미네랄, 유기산, 식이섬유, 효소 등이 대표적이다. 그렇지만 식물에는 의학적 또는 식품영양학적으로도 밝혀지지 않은 무수한 유용물질이 존재한다. 최근 서구에서는 식물 속의 밝혀지지 않은 유용한 생리활성물질을 총칭하여 파이토케미컬^{phytochemical}이라는 신조어를 사용하고 있다. 파이토케미컬은 식물 속의 화학물질이라는 뜻으로 폴리페놀화합물, 플라보노이드, 카로티노이드, 안토시아닌 등의 계열이 있다. 식물은 스스로 경쟁 식물의 생장을 방해하거나 해충 혹은 미생물로부터 자신을 보호하는 역할을 한다. 음식 내에 있는 파이토케미컬 성분을 사람이 섭취하면 항산화 작용을 통하여 세포 보호, 해독, 노화 방지, 면역력 증강의 효과가 나타난다.

파이토알렉신은 파이토케미컬보다 더 생소한 단어이지만 파이토케미컬 중에서 식물이 곰팡이나 균에 의해 공격을 받을 때 침입자로부터 방어하기 위해 식물이 생산하는 방어물질이다. 일종의 항생제 또는 천연 항균제 역할을 하는 성분이다. 따라서 파이토알렉신은 식물 고유의 미량 또는 과량의 독성을 함유하고 있다. 다만 인간이 요리를 해서 먹는 음식에는 강한 독성의 파이토알렉신은 거의 없다. 원추리 새순이나 자리공 새순에는 독성이 제법 있는데 이를 생으로 먹으면 중독 증상을 일으키지만 살짝 데쳐서 먹으면 독성이 중화되어 안전하다. 대개 음식은 가열을 통해서 미량의 독성이 제거된다. 이처럼 파이토알렉신은 식물이 함유한 항생물질로 독성이 있긴 하지만 정상적인 조리법만 잘 지키면 음식독으로 작용하지 않는다.

두 번째 음식독은 농약, 화학비료, 항생제, 재조합 성장호르몬 등에 의한 약물독이다. 농약과 화학비료는 농사에 있어서 병충해를 막고 생산량을 늘리는 장점이 있지만 반대로 토양이 산성화되고 농산물의 안정성이 위협받는다. 축산에서도 가축에게 항생제와 재조합 성장호르몬 등을 사용하면 육류를 섭취할 때 간접적으로 약물을 복용하는 위험성에 노출된다. 요즘 주부들은 거의 채소를 흐르는 물에 씻거나 식초를 희석한 물에 잠시 담가두는데 이는 매우 현명한 방법이다. 확실히 예전보다 친환경 제품이나 무농약 제품을 선호하는 이유도 역시 이러한 약물독에 대한 경각심 때문일 것이다. 그렇다면 유기농 제품을 사용한다고 해서 과연 먹거리에 안정성을 보장할 수 있을까? 결코 그렇지는 않다. 오히려 약물독보다 더욱 은밀하게 우리의 건강을 위협하는 음식독이 있기 때문이다.

세 번째 음식독은 바로 가공식품에 의한 첨가물독이다. 가공식품은 식품산업의 발달과 함께 100여 년 전부터 우리의 식탁에서 절대적인 비중을 차지하고 있는 식품이다. 가공식품이 존재하지 않던 과거에는 가공식품과 식품첨가물을 섭취할 일이 없었다. 그러나 현대에는 가공식품이 없어지지 않는 한 식품첨가물로부터 결코 자유로울 수가 없다. 식품산업은 인류의 음식 문화에 지대한 공헌을 하였다. 현대화된 냉장 및 냉동 시설이나 포장 기술은 식품의 신선도와 보존 기간을 늘림으로써 획기적으로 기여하였다. 다만 질 좋고 안전한 식품 대신 값싼 재료로 산패도 되지 않으면서 오감까지 자극하는 가공식품이 범람하면서 식품의 안전성은 어느 사이엔가 사각지대에 놓이고 말았다.

　가공식품에 포함된 식품첨가물은 너무나 교묘하고도 광범위해서 그 실체를 모르는 경우가 허다하다. 예를 들어 라면이나 햄버거가 건강에 좋지 않다는 사실은 누구나 잘 알지만 가정에서 매일 사용하는 식용유, 간장, 식초, 소금, 설탕 등에 유해 성분이 많다는 것은 상당수의 주부들조차 모르고 있다. 또 유치원이나 학교 급식은 무조건 영양식이고 안전할 거라고 믿지만 양념 속에 포함된 무수한 식품첨가물을 생각하면 결코 그렇지 않다. 이처럼 일상에서 우리 자신도 모르는 사이에 식품첨가물의 섭취량이 늘어날수록 음식독은 쌓일 수밖에 없고, 이로 인하여 만성난치병이 아이들에게서 조기에 나타나게 되는 것이다.

음식의 독소가 쌓이면
자가중독증이 된다

음식과 생약은 그 근원이 같다고 해서 약식동원藥食同源이라는 말이 있다. 음식은 먹거리이면서 한편으론 약과 같은 역할도 한다. 체질에 맞는 적절한 음식은 피가 되고 살이 된다. 못 먹고 못 살던 시절에는 그야말로 밥 한 끼 잘 먹는 것이 최고의 보약이었다. 그런데 오늘날의 음식은 무턱대고 보약이라고 할 수가 없다. 오히려 과식이나 폭식을 하면 과체중이 되기 쉽고 무분별한 식생활은 만성난치병으로 가는 단초가 된다. 한마디로 음식이 약이 될 수도 있고 독이 될 수도 있는 것이다. 그만큼 음식의 양이 아닌 질이 중요한 시대이다.

농약과 같은 독성물질을 잘못 복용하면 짧은 시간 내에 치명적인 중독 증상을 일으킨다. 이와는 달리 음식은 어떤 음식을 먹더라도 급성으로 중독되는 사례는 없다. 드물게 특정 음식을 먹었을 때 기도 폐색과 호흡곤란 증상을 일으키는 아나필락시스anaphylaxis가 있다. 아나필락시스는 즉시형 알레르기로 알레르기 반응 중에서도 급성의 양상을 띠는 매우 드문 형태이다. 하지만 아나필락시스를 제외하면 우리가 먹는 음식은 농약처럼 급성중독증을 일으키지는 않는다. 사실 어느 누구도 음식을 독으로 인식하고 먹는 사람은 없다. 음식이 독이 될 줄 알았다면 애초에 섭취할 리가 없다.

게다가 모든 음식이 처음부터 독소로 작용하지는 않는다. 자연에서 나는 야채, 과일, 버섯, 견과류, 해조류만이 아니라 생선, 육류, 그리고 가공 과정을 거쳐서 판매되는 가공식품이나 패스트푸드를 망라하고 음식으로 먹을 때는 식감도 좋고 대부분 부작용이 없다. 그러기에 자연식품이든 가공식품이든 일단 음식을 접하면 누구나 거리낌 없이 먹게 된다. 문제는 최초에 음식으로 섭취할 때에는 전혀 독소로 작용하지 않다가 우리 몸에서 일정 시간 축적되면서 어느 순간 독소화된다는 점이다. 음식이 우리 몸에 쌓여서 독소화가 되는 이러한 현상은 일종의 자가중독증autointoxication이다.

자가중독증을 달리 내성중독內性中毒이라고 한다. 자가중독증은 신진대사 과정에서 전에 없던 독소가 생성되고 그 독소가 배출되지 않은 채 축적되어 나타나는 증상이다. 대표적으로 알려진 자가중독증으로는 요독증과 산독증이 있다. 요독증은 신장을 통하여 정상적으로 배출되어야 할 노폐물이 배설되지 못해 요독이 체내에 축적되면서 신체 각 기관에서 기능장애를 일으키는 병이다. 여러 가지 요인으로 신장 기능이 약해지면 요독증이 서서히 진행된다. 산모와 태아에게 위험한 임신중독증도 알고 보면 자가중독증의 일종이다. 임신중독증은 임신 기간에 원인을 알 수 없는 요인에 의해 태반의 형성에 이상이 생기면서 초래되는 병이다.

범위를 넓혀서 아이들의 만성난치병인 알레르기, 발달장애, 성장장애, 소아비만 등은 모두가 자가중독증에 속한다. 자가중독증의 특징은 외부에서 병원균이나 독소가 직접적으로 체내로 유입되는 것이 아니다. 신체 내부의 장이나 특정 조직에서 독소가 서서히 형성되어 질병으로까지 이어진다. 예를 들어 육류를 과잉 섭취하면 소화기관이 단백질을 분해하는 과정에서 질소잔존물인 아민, 인돌, 스카톨 등의 유해 가스가 과다 형성되어 결국 독소로 작용한다. 장내 가스는 바깥으로 배출되어야 하는데 생성되는 가스의 양이 많다 보면 미처 배출되지 않은 유해 가스가 장벽으로 스며든다. 글루텐 단백질, 카제인 단백질, 알부민 단백질과 같은 거대 단백질이 위나 소장에서 완벽히 소화 흡수되지 못하면 장벽에서 일부가 부패하면서 알레르기를 유발하는 요인이 된다. 이처럼 음식이 섭취되는 과정에서는 별다른 이상 반응이 없었다가 장내에서나 조직에서 독소를 형성하면서 자가중독증이 나타나면 결국 여러 질병으로 이어진다.

음식으로 인한
독소로부터 내 아이의
건강을 지키자

내 아이의 몸에서 음식독을 없애자

우리 아이들의 만성난치병을 초래하는 독소는 스트레스독, 피로독, 수면독보다 음식독이 가장 큰 비중을 차지한다고 하였다. 물론 완전한 치료를 위해서는 스트레스독, 피로독, 수면독 등을 모두 해결할수록 좋다. 정작 문제는 스트레스, 피로, 수면장애는 쉽게 해결될 성질이 아니라는 점이다. 기질상 기운이 넘치는 성격의 아이는 스트레스 상황에서 과잉행동적인 성향을 쉽게 조절하지 못한다. 반면에 기운이 약한 성격의 아이는 스트레스를 받으면 지나치게 처지는 경향을 쉽게 극복하지 못한다.

불안 긴장이 많은 타입의 아이는 스트레스 상황에서 극도의 불안장애 중상을 보인다. 이처럼 스트레스 중상은 타고난 기질 또는 성격과 깊은 연관성이 있어서 여간해서 쉽게 개선되지 않는다.

　피로 역시 단시간 내에 극복할 수 있는 것이 아니다. 다만 아이들은 피로에 의한 독소의 형성은 드문 편이다. 수면장애 역시 아이를 키워본 부모라면 경험적으로 안다. 아이들의 수면장애는 영유아기에 밤에 보채고 우는 야제증이나 유소아기에 자다가 벌떡 깨어 일어나는 야경증이 있다. 간혹 야제증이나 야경증이 심한 아이는 부모도 함께 수면장애에 시달릴 수밖에 없다. 하지만 아이들의 수면장애는 장기간 이어지는 경우는 드물고 대부분 어느 시기가 되면 자연적으로 많이 호전된다. 이에 비해 음식은 개개인의 식습관에 의하여 매일 섭취하는 것이므로 식습관에 따라 개선되든지, 악화되든지 변수가 매우 많다. 그러므로 음식독은 부모와 아이의 의지만 있으면 얼마든지 극복할 수 있다.

　결국 여러 독소 중에서도 각별히 음식독을 개선해야 만성난치병을 일으키는 자가중독증을 고칠 수 있다. 자가중독증이 소실되면 내 아이를 괴롭히던 알레르기, 발달장애, 성조숙증, 소아비만이 치료된다. 그러면 어떻게 해야 음식독을 개선할 수 있을까? 우선 약이 되는 음식과 독이 되는 음식을 구분할 수 있어야 한다. 식품을 섭취하였을 때 우리 몸에서 영양적인 효능을 발휘하는 성분이 있는가 하면 반대로 독소를 형성하는 성분이 있다. 의외로 우리가 일상에서 접하는 식품 중에는 체내에서 독소를 만들어내는 가공식품과 식품첨가물의 종류가 넘쳐난다.

아이의 건강을 해치는 음식독의 종류

아이의 건강을 위협하는 대표적인 음식독의 종류는 우유, 수입 밀가루, 정제당과 인공감미료, 트랜스지방산, 단백질식품, 육가공식품, 각종 패스트푸드와 함께 항생제, 해열제 등의 약물이다. 또한 식품의 종류만큼이나 중요한 것이 양념의 재료이다. 시판되는 고추장, 된장, 간장, 식초, 식용유 등의 양념 재료에도 각종 식품첨가물이 포함되어 있어서 본인도 모르는 사이에 음식독이 쌓인다. 미네랄식품인 소금을 질 좋은 천일염이 아닌 정제염으로 사용하면 염화나트륨의 순도가 99%까지 높아져 신장장애와 고혈압의 원인이 된다.

음식독을 기준으로 볼 때 아이를 해치는 독소의 발단은 영유아기의 주식인 분유와 모유, 이유식이다. 그래서 이 책에서는 분유와 모유, 이유식이 어떻게 독소가 되는가에 관해서도 별도로 다루었다. 분유는 모유에 가깝게 만든 모유의 대체식품이긴 하지만 독소의 문제로부터 결코 자유롭지 못하다. 분유 수유를 하는 아기가 모유 수유를 하는 아기보다 알레르기, 발달장애, 성장장애, 소아비만을 일으킬 가능성은 언제나 높다. 모유는 아기에게 가장 완전하고 안전한 식품이지만 모유 수유를 하는 어머니의 식생활이 안전하지 못하면 독소가 고스란히 젖을 통하여 아기에게 전달된다. 이유식 역시 요즘처럼 조제 이유식이나 배달 이유식이 늘어날수록 시판 이유식을 통해서 각종 독소가 생성된다.

내 아이를 해독하는 원리

그렇다면 식품을 통하여 몸 안에서 독소가 축적되고 자가중독증이 생기는 것을 예방하는 최선의 방법은 무엇일까? 다행히 신은 인간에게 독이 되는 음식만이 아니라 약이 되는 음식도 선물하였다. 맛있는 음식을 무절제하게 먹어대는 것을 식탐食貪이라고 한다. 거기에다 현대의 식품과학기술은 각종 조리법과 첨가물을 이용하여 자연식품보다 훨씬 더 오감을 자극하는 온갖 기호식품을 발명해냈다. 적어도 맛에 있어서 전통 음식은 현대의 가공식품과는 경쟁력에서 한참 뒤떨어진다. 그렇지만 현대의 가공식품이 '혀'를 사로잡는 말초적인 맛과 효율성에 맞춰진 식품인 반면 좋은 식재료와 손맛으로 만든 전통 식품은 몸의 근본인 오장육부를 이롭게 하는 건강식품이다. 조상 대대로 내려오는 전통 식품과 양념을 주재료로 하여 현대의 조리 및 가공법과 제대로 결합하면 지금도 얼마든지 몸 안의 독소를 배출하면서 약이 되는 음식을 만들 수 있다.

안타깝게도 지금은 토질이 산성화되고 식물의 영양 함유량이 과거에 비하여 적게는 1/3 수준, 많게는 1/10 수준으로 떨어진 상태이다. 유기농 상추나 배추를 먹는다고 해도 1950년대에 농사했던 상추나 배추에 비하면 각종 영양 성분의 수치가 매우 낮은 게 오늘날의 채소다. 그런데 이 또한 어느 정도 해결이 가능한 절묘한 방법이 있으니 그것이 바로 발효법에 의한 발효식품이다. 이를테면 배추와 김치를 비교하면 김치는 배추보다 영양가가 훨씬 높을 뿐만 아니라 배추에 없는 유용물질과 유산균을

42

비롯한 각종 유익균이 풍부하다. 콩과 된장, 콩과 청국장을 비교해 봐도 역시 된장이나 청국장은 콩에 비하여 높은 영양가와 유용물질, 유익균이 함유되어 있다. 이처럼 발효식품은 오늘날 절대적으로 부족해진 채소의 영양가를 보충할 수 있는 대안으로 새롭게 조명되고 있다.

김치, 된장, 청국장, 각종 장아찌 등의 발효식품에는 식물성 유산균이나 효모와 같은 유익한 미생물, 효소, 생리활성물질 등의 작용으로 인해 소화 흡수력과 해독력이 뛰어나다. 자연식과 비교했을 때 발효식이 가진 최대의 장점이자 효능은 소화 흡수력과 해독력이다. 이를 전문 용어로 표현하자면 발효식품은 중요한 효소원이자 발효원이 된다. 발효식품이 소화 흡수에 미치는 영향은 병원에서 처방하는 소화제와는 차이가 있다. 소화제digestive medicine는 정제효소로 구성된 제품으로 소화 기능은 뛰어나지만 소화불량이 개선된 후에도 계속 사용하면 위벽이 손상된다. 따라서 약국 소화제는 위장 이상 증상이 있을 때에만 한시적으로 복용해야 한다. 이에 비해 발효식품은 소화 작용도 뛰어나지만 장기간 섭취해도 위장에 무리가 없고 오히려 위나 장의 기능을 개선한다. 김치, 청국장, 된장 등은 훌륭한 소화제이자 장 기능을 개선하는 해독제이다. 발효식품에는 미생물과 미생물이 생산하는 유용물질이 가득하다. 미생물과 유용물질은 장내의 독소인 유해균, 유해 가스, 유해물질 등의 배출을 원활하게 하고 해독 기관인 장과 간의 해독 기능을 도와준다.

해독을 하고 싶은데 해독의 방법을 몰라서 어려워하는 사람들이 많다. 해독이 이론적으로 아무리 그럴듯해도 실제로 따라 하기 어렵다면 무용지물이다. 아이의 해독은 생각보다 어렵지 않다. 누구나 해독의 관점을 이해하고 나면 실생활에서 가능하다. 아이의 밥상을 해독하는 원리는 크게 독소를 만드는 음식은 줄이고 약이 되는 음식은 더욱 늘리는 방식이다. 해독이 되면서 동시에 영양에도 좋은 식품이라야 아이를 위한 건강한 밥상이 된다. 아이의 몸에서 해독 작용과 영양 흡수가 원활해지면 항산화력이 좋아지고 항산화 지수가 높아진다. 항산화력이 좋다거나 항산화 지수가 높다는 것은 녹슬지 않고 윤기 나는 못처럼, 혹은 갈변되지 않은 싱싱한 과일처럼 심신이 깨끗이 정화되고 건강한 상태를 말한다. 건강한 아이일수록 항산화 지수가 높아지는 것은 당연하다.

해독 식단과 발효한약

내 아이의 건강한 밥상을 위한 구체적인 실천은 자연식품과 발효식품을 위주로 식단을 구성하는 것이다. 건강을 위한 식사 한 끼는 영양이 풍부하면서도 해독에 좋은 2가지 조건을 만족시키면 최적의 식단이다. 이를 위해서는 식단의 구성비에 있어서도 가공식품과 식품첨가물을 최소한으로 줄이고 곡물과 채식^{발효식품, 야채, 과일, 버섯, 해조류, 견과류}의 비율을 70% 이상으로 늘리며 생선은 15~20%대, 육류와 유제품은 5~10% 수준에서 섭취하는 비율이 식단의 황금 비율이다. 기본적인 식단을 이런 방식으로 구성하면 그다음에는 얼마든지 응용이 가능하다.

알레르기 환자는 알레르기식품인 등푸른생선, 갑각류, 육류, 유제품 등의 섭취를 줄이는 대신에 흰살생선을 더 먹인다. 성장 촉진을 위해서는 대표적인 성장식품인 우유와 계란의 섭취량을 늘리되 꼭 친환경 제품을 이용한다. 우유와 계란이 잘 소화되지 않는 아이는 원활한 배변 활동을 위해 양배추, 고구마, 버섯, 가지, 청국장 등의 섭취량을 늘린다. ADHD나 자폐증과 같은 발달장애아는 오메가-3 지방산이 풍부한 들깨, 등푸른생선의 섭취를 늘리고 특별히 탄수화물은 천연당을 위주로 재료를 고르는 것이 좋다. 체중을 조절해야 하는 과체중의 아이는 육류를 줄이면서 대신 식물성 단백질인 콩 발효식품의 섭취량을 늘리고 한 끼 정도는 곡류가 빠진 야채와 과일로 구성된 해독식을 한다.

발효한약은 해독을 위한 치료제 겸 보약으로 한약을 달인 후에 다시 발효 과정을 거쳐 약효와 체내 흡수율을 높인 한약이다. 발효한약에는 약효와 함께 유산균과 같은 유익균, 효소, 영양 성분도 포함되어 있다. 미생물은 농약이나 중금속을 중화해서 분해시키는 작용이 매우 탁월한데 이는 과학적으로도 입증이 되었다.

분유의 불편한 진실

분유 광고에서 가장 많이 인용되는 문구가 '모유에 가깝게' 만들어졌다는 표현이다. 분유가 모유에 가깝다는 근거는 주로 영양학적인 면에 있다. 영양학적으로 모유를 닮은 영양 설계를 한 것이다. 조제 분유의 통에 적혀 있는 영양소만 봐서는 완전식품인 모유에 견주어 전혀 손색이 없다. 분유회사의 이런 노력에도 불구하고 과연 분유가 모유의 대안으로 문제가 없는지 짚어보고자 한다.

분유 속의 우유

분유에서 제일 중요한 재료는 뭐니 뭐니 해도 우유이다. 오늘날 우유를 생산하는 젖소들이 GMO 옥수수, 항생제, 성장촉진제로부터 안전한가는 매우 근본적인 문제이다. 다행히 우리나라의 젖소는 정부의 강력한 규제에 의해 더 이상 항생제와 성장촉진제를 쓰지 않고 있다. 그렇지만 젖소에게 GMO 곡물 사료를 먹인다든지 하는 문제는 여전히 관행화되어 있다. 분유의 영문 표기는 Milk Powder 또는 Dry Milk임에도 분유는 우유와는 영양 성분의 조성이 매우 다르다. 우유의 성분을 아기에게 그대로 수유하면 반드시 탈이 난다. 이 문제를 해결하기 위하여 분유회사는 우유를 원료로 하되 일단 우유 내의 각 영양소를 별도로 분리해낸다. 그 후에 다시 모유의 영양성분과 비슷하게 재조합한다. 이렇게 재조합된 우유는 최종적으로 균질화와 열처리과정을 거친다. 균질화란 성분이 잘 섞이도록 강하게 저어주는 것이다. 균질화와 열

처리 과정에서 우유의 성분들은 서로 배합이 되지만 필연적으로 부작용을 피할 수가 없다. 그 부작용이란 단백질의 변성, 필수지방산들의 산패, 수많은 비타민과 미네랄, 효소의 파괴 등이다. 단백질을 비롯한 각종 성분들의 흡수가 비정상적으로 이루어지고 면역 기능이 왜곡된다. 분유 성분의 함량을 모유에 가깝게 맞추더라도 분유 알레르기가 많은 것은 바로 이런 이유 때문일 것이다.

분유 속의 단백질

모유와 우유에는 2종류의 단백질인 유청 단백질과 카제인 단백질이 있다. 모유에는 아기가 소화 흡수하기에 좋은 유청 단백질이 많고 우유에는 소화 흡수가 힘든 카제인 단백질이 많다. 모유는 유청 단백질과 카제인 단백질의 비율이 6 : 4로 구성되어 있다. 우유는 2 : 8로 카제인 단백질이 월등히 많다. 분유를 만들 때에는 우유에서 카제인 단백질의 양은 줄이고 유청 단백질의 양은 늘려서 모유에 비슷하게 단백질의 비율을 조정한다. 최근 국내 낙농업계에서는 유당흡수장애와 알레르기의 문제를 해결하기 위하여 우유의 가공 과정에서 아예 카제인 단백질을 완전히 제거해서 생산한다.

그런데도 분유 중에는 카제인 단백질이 함유된 분유가 있다. 그러면 우유 생산에서 제외된 카제인 단백질이 분유에 있는 이유는 무엇일까? 이는 카제인 단백질이 분유 수유를 하는 아기의 살을 포동포동하게 하는 효과가 있어서 첨가한 것으로 추측된다. 우유의 카제인은 위장의 단백질분해효소인 펩신을 만나면 응고되면서 단단한 커드curds를 형성한다. 모유의 카제인보다 우유의 카제인이 훨씬 더 커드가 단단하다. 위장 내에서 커드가 지나치게 단단하면 소화 흡수가 어려워지면서 간혹 장관을 막아 장관폐색을 일으키기도 한다. 이런 이유로 영유아의 장폐색증은 분유 수유를 하

47

는 아기에게서 생길 가능성이 높다. 우유의 카제인을 연한 커드로 만들기 위해서는 아미노산이나 작은 단백질의 형태로 가수분해를 한다. 분유통의 겉면에는 탈염유청분말, 가수분해유청단백질, 카제인나트륨, 농축유단백, 유단백분해물, 유단백가수분해물 같은 성분 표시들이 있다. 이는 모두 우유의 단백질을 분유의 단백질로 바꾸는데 관련된 성분들이다.

여기서 문제는 단백질가수분해를 어떻게 하느냐이다. 단백질가수분해의 제조 과정은 크게 2가지이다. 하나는 효소를 이용하여 단백질을 분해하는 방법이고, 다른 하나는 염산을 이용하여 분해하는 염산 처리법이다. 산분해간장도 바로 이 염산 처리법으로 하는 것이다. 효소 처리는 문제가 될 것이 없지만 염산 처리는 문제가 된다. 원재료에 염산을 가하면 가수분해에 의하여 단백질이 분해된다. 이렇게 만들어진 아미노산액을 농축한 것이 단백가수분해물이다. 유청을 재료로 했으면 가수분해유청단백질, 유단백으로 했으면 유단백가수분해물이 되는 것이다. 성분 표시 중에서 알파-카제인을 가수분해했다거나 베타-락토글로불린을 효소 처리를 했다는 말은 이와 같은 맥락이다. 우유는 모유보다 단백질의 총량이 4배 가까이 많은데 그대로 하면 신장에 무리가 생기므로 모유 단백질에 맞추어 줄인다.

분유 속의 당분

모유에서 탄수화물 성분은 주로 유당과 올리고당이다. 우유의 유당은 4.8%로 모유의 7.0%보다 다소 적다. 고등동물일수록 유당의 비율이 높아지는데 이는 뇌의 포도당 요구량이 높기 때문이다. 영아기에 뇌의 포도당은 주로 유당이 분해되면서 공급된다. 아기는 어른에 비하여 체구는 훨씬 작지만 성장 속도는 급속도로 빨라서 에너지 요구량도 매우 높다. 모유에는 아기가 흡수하기에 좋은 유당 함유량이 충분하다. 이에 비하여 분유의 유당은 흡수력이 떨어져서 유당불내증을 일으킬 가능성이 높다. 아기는 유당이 거의 유일한 탄수화물 공급원이므로 어른에 비하여 유당 흡수가 잘 되는 편이다. 하지만 서구에 비하여 동양은 우유를 먹어왔던 문화권이 아니므로 아기들이 분유 속의 유당을 흡수하기가 그리 쉽지 않다. 분유가 모유를 모방할 수 없는 결정적인 단점은 유당불내증과 유단백으로 인한 알레르기 발병률이 높다는 점이다.

모유 내의 올리고당의 존재가 밝혀진 건 그리 오래되지 않았다. 모유에서 올리고당이 차지하는 비중은 최근 들어 무려 22%나 되는 것으로 밝혀졌다. 이 때문인지 분유에도 올리고당의 첨가 비율이 높아졌다. 분유에 쓰이는 올리고당은 주로 프락토올리고당, 갈락토올리고당이 쓰인다. 올리고당은 칼로리가 낮고 혈당치도 덜 올리며 소화기관에서 흡수가 안 되고 바로 장으로 가서 유산균의 먹이원이 된다고 알려졌다. 그래서 올리고당은 좋은 당, 웰빙 당이라는 이미지로 인식되고 있지만 자연계에서는 올리고당이 극히 소량만 존재한다. 시중에서 판매하는 올리고당 제품은 인위적인 조작으로 만들어진 공산품이다. 분유에 들어 있는 올리고당이 모유의 올리고당과 같은 작용을 할 가능성은 지극히 낮다. 분유 수유를 하는 아기의 대변이 황금색 똥에 약간 무르면서 냄새도 강하지 않아야 분유가 모유에 가깝다는 증거가 될 것이다. 대변 상태만 보더라도 분유가 모유를 따라갈 수 없는 분명한 한계가 있다.

분유에는 유당 외에도 각종 정제당이 함유되어 있다. 원재료 표기란에 정백당^{백설당}, 정제과당, 물엿 등이 표기되어 있다. 분유 제품에 따라서 정제당 표시가 없는 것들도 있다. 하지만 원료 표시를 자세히 보면 여러 가지 과일 농축액이 있다. 과일의 과즙을 고온에서 가열하면 농축액이 된다. 농축액을 만드는 이유는 변질이 안 되면서

아주 적은 양으로도 단맛을 낼 수 있기 때문이다. 시중에서 파는 천연 과일 음료라는 게 거의가 이런 식인데 농축액에 감미료나 산미료를 첨가하여 마치 천연의 맛을 내는 것처럼 포장한다. 하지만 과즙을 고온에서 가열하므로 비타민, 미네랄, 항산화성분 같은 유용물질의 파괴는 피할 수가 없다. 과거에는 분유 속에 단맛을 내는 설탕의 함량이 지나치게 많아서 신생아가 모유를 기피하는 주요 요인이 되었다. 요즘엔 분유의 단맛이 많이 줄어들긴 했지만 분유회사에 따라 여전히 단맛이 강한 분유도 있다. 분유에 함유된 정제당은 단지 아기의 입맛만 중독시키는 것이 아니라 소아당뇨, 소아비만, 중성지방, 고콜레스테롤, 면역력 저하, 주의력결핍, 과잉행동장애의 요인이 된다.

분유 속의 지방

모유와 우유의 지방 함유량은 거의 비슷하다. 그럼에도 우유에 들어 있는 지방을 대부분 제거하고 식물성유지와 어유를 별도로 첨가한다. 분유통의 원료 표시를 보면 혼합식물성유지나 팜유, 대두유, 옥배유, 해바라기유, 정제어유라고 표기되어 있는 것들이 바로 그것이다. 그러면 왜 우유의 지방 성분을 제거하는 것일까. 우유의 지방은 신생아가 흡수하기에는 무리가 있다. 우유의 유당, 유단백, 유지방은 모두 신생아에게 흡수장애를 일으킬 수 있는데 그중에서도 유지방의 흡수율이 가장 낮을 것으로 판단된다.

팜유는 분유에 들어가는 대표적인 식물성기름이다. 콩기름과 함께 전 세계적으로 가장 많이 사용되면서 유해성으로 이슈가 되는 기름이 팜유이다. 팜유는 열대식물인 종려나무 열매를 압착해서 얻은 기름이다. 시중에 유통되는 대부분의 식물성기름

이 정제기름인 것에 비하여 팜유는 압착유이면서 포화지방이 동물성기름과 비슷한 수준이다. 불포화지방산보다 포화지방산이 많으며 안정적이고 실온에서도 고체 상태를 유지한다. 팜유는 변질되지 않고 맛도 좋으며 값도 저렴해서 라면, 과자, 빵, 튀김 재료로 많이 쓰인다. 쇼트닝, 마가린과 같은 경화유의 재료로 다양한 가공식품에 사용되고 있다. 팜유는 포화지방의 비율이 높아서 오랫동안 혈관 건강에 유해하다고 알려져 왔다. 포화지방 자체가 유해한 건 아니지만 과량 섭취하면 조직 내 지방이 축적되고 혈관 내 지질이 많아진다. 팜유가 튀김 재료나 경화유로 쓰일 때에는 트랜스지방을 생성하므로 당연히 유해하다. 팜유 자체의 건강에 대한 유해성 논란은 아직도 진행 중이다. 팜유가 조제 분유에 식물성유지의 성분으로 쓰이는 주된 이유는 저렴한 비용일 것이다.

대두유와 옥배유는 유기농산물이 아니라면 오늘날 식품에는 대부분 GMO 농산물이 사용된다. 한편 팜유를 제외한 대두유, 옥배유, 해바라기유 등은 모두 정제유일 가능성이 높다. 압착 방식으로 기름을 얻으려면 압착율이 너무 떨어지므로 상대적으로 추출률이 높은 정제 방식으로 추출한다. 이렇게 식물성기름을 추출하게 되면 유기용매인 헥산을 사용할 가능성이 높고, 마지막 단계에 고온에서 가열하므로 트랜스지방이 생성된다. 실제로 몇몇 분유에는 정제가공유지라는 표시가 되어 있다. 분유의 성분 표기에는 트랜스지방이 0%라고 되어 있지만 이는 혼합식물성유지의 대부분이 정제유임을 감안해야 한다. 트랜스지방은 2007년부터 국내에도 함량 표시제가 공식적으로 실시되고 있다. 그러나 그 기준에 애매한 부분이 많기에 트랜스지방 0으로 표시되었다고 해서 그대로 받아들이기에는 무리가 있다.

분유 속의 비타민과 미네랄

분유통에 기재된 원재료명을 보면 비타민 종류가 거의 모두 망라되어 있다. 그런데 이들 비타민 종류는 천연 비타민이 아닌 합성 비타민이라고 봐야 한다. 비타민은 극히 일부만 제외하고 모두 식물에 존재한다. 천연 비타민을 이들 식물로부터 추출하려면 현재의 과학 기술로는 비용이 지나치게 많이 든다. 천연 비타민을 채소나 과일에서 추출하느니 차라리 채소나 과일을 그냥 먹는 것이 비용이 절감된다. 따라서 시중에 유통되는 거의 모든 비타민은 100% 합성 비타민이거나 천연 비타민을 10%, 많아야 40% 이내로 혼합한 천연원료 비타민이다. 천연원료 비타민조차도 성분의 60~90%가 합성 비타민임을 감안하면 종합 비타민이나 비타민제는 그 자체로 문제가 많다. 비타민이 발견된 건 100여 년 정도밖에 안 되는데 오늘날 비타민 시장은 황금알을 낳는 거위다. 천연 재료를 이용하지 않고도 화학물질로 값싸게 생산해낸 비타민은 엄청난 마진율을 자랑한다. 비타민만큼은 천연의 채소나 과일에서 섭취하는 게 가장 안전하고 확실한 방법이다.

분유통의 성분 표기를 보면 특이하게도 미네랄 종류가 거의 보이지 않는다. 미네랄이나 비타민은 외부로부터 매일같이 보충해야 한다. 미네랄은 토양에 존재하며 그 토양에서 자라는 식물이 흡수한다. 사람은 이 식물을 섭취하거나 식물을 먹은 동물로부터 미네랄을 얻는다. 만일 미네랄이 부족하거나 상호 균형이 깨지면 신체 기능이 저하되고 신진대사가 교란된다. 미네랄 중에서도 칼슘, 마그네슘, 나트륨, 칼륨, 인, 황 등은 더욱 중요한 미네랄이다. 뼈의 구성 성분인 칼슘, 마그네슘, 인의 총량은 모유 미네랄의 32%, 우유 미네랄의 30%를 차지한다. 그런데 우유에 함유된 미네랄 총량은 모유의 미네랄보다 무려 3.5배나 많다. 아기의 신장 기능은 성인에 비하여

1/2밖에 안 된다. 만약 미네랄이 과다 섭취되면 신장에 부담을 주어 부종과 탈수를 일으킬 수가 있다. 그러므로 분유의 미네랄 함량은 모유 수준으로 오히려 감량한다. 이런 이유 때문에 분유의 성분 표시에는 미네랄이 거의 없는 것이다.

분유 속의 영양강화제

모유에는 다양한 유용 성분들이 있다. 우유에 없는 이들 성분을 보충하는 이른바 영양강화제가 분유에는 상당수 있다. 모유의 유용 성분이 새롭게 발견될 때마다 계속해서 영양강화제라는 이름으로 분유에도 추가된다. 대표적인 영양강화제가 DHA와 EPA이다. 둘 다 필수지방산이자 불포화지방산인 오메가-3 지방산 계열이다. DHA는 두뇌 발달과 망막에 좋고 EPA는 혈관 건강에 좋다. 지방 계열의 영양강화제로는 감마-리놀렌산, 프로스타글란딘, 카르니틴, 강글리오시드, 카로틴, 아라키돈산, 콜린, 스핑고미엘린, 포스타티딜세린 등이 있다. 단백질 계열로는 알파-락트알부민, 락토페린, 타우린, 아르기닌, 카세인포스포펩티드 등이 있다. 이들 영양강화제는 필요에 의하여 추가가 된 것들이다. 영양강화제의 추가는 필요하겠지만 문제는 어떤 물질에서 어떤 방식으로 추출하느냐가 관건이다. 영양강화제에 관한 이런 정보는 거의 공개되지 않고 있다. 또 분유 수유를 하면서 설사를 하거나 알레르기가 발병되면 일종의 특수 분유로 설사 분유와 알레르기 분유가 시판되고 있다.

분유가 모유의 대체식품으로 완전히 인정받을 수 있느냐는 알레르기나 면역질환, 발달장애, 성조숙증, 소아비만을 얼마나 예방할 수 있느냐와 상관성이 있다. 분유 회사의 노력과 분유 제품의 신개발에도 불구하고 오늘날 이들 질환은 나날이 증가하고 있다. 우리나라 알레르기 인구는 이미 천만 명을 넘어섰다. 크론병, 베체트병, 건선,

소아류마티즘과 같은 자가면역질환도 점차 늘어나고 있다. 자폐증이나 ADHD 역시 폭발적으로 증가하는 추세이다. 이런 질병은 생애 초기와 매우 관련이 깊다. 분유가 모유에 버금가는 완전식품으로 인정되려면 영양적인 측면과 함께 질병 예방에 대한 기여도가 있어야 할 것이다.

PART
2

식생활 불안이
각종 독소를 만든다

아이 대변의
3가지 주성분에
주목하자

황금색 똥의 수수께끼

　세상에서 가장 건강한 똥을 꼽으라면 단연 모유를 먹는 아기의 황금색 똥이다. 자라는 아이들 중에서도 건강한 아이일수록 대변이 황금색에 가깝다. 아이나 어른의 대변은 거의 갈색 계통이다. 황금색에 가까운 대변일수록 구린 냄새나 장내 가스도 덜하다. 그렇다면 대변색이 황금색과 갈색으로 차이가 나는 이유는 무엇일까? 이는 우리 몸속의 장내 환경을 알고 나면 그 수수께끼가 풀린다.

56

대변의 색깔은 일단 담즙 색소인 빌리루빈과 관계가 있다. 빌리루빈은 적혈구로부터 생성된다. 우리 몸에서 적혈구가 수명을 다할 때 헤모글로빈에서 햄Heme이 분해되면서 황갈색의 빌리루빈으로 바뀐다. 빌리루빈이 산화하면 빌리베르딘으로 화학 변화를 거치면서 녹색을 띤다. 빌리루빈은 담즙에 섞여서 십이지장으로 보내지고 다시 장으로 흘러 들어간다. 장에서 빌리루빈은 음식물 찌꺼기와 함께 배설이 되는데 어떤 음식을 먹어도 빌리루빈의 영향으로 똥의 색깔은 기본적으로 갈색을 띤다. 여기까지는 어른이나 아이의 대변 색깔이 동일하게 갈색이다.

그런데 건강한 아이가 황금색 변을 보는 이유는 순전히 장내 환경에 달렸다. 흔히 우리 인체는 약알칼리성이라고 알고 있는데 이는 혈액 내의 pH를 지칭한 것이다. 우리 몸은 각 장기나 기관마다 pH가 동일하지 않다. 위액은 강산성을 유지하며 여성의 질이나 대장도 산성을 유지해야 좋다. 피부도 약산성 상태라야 최적이다. 대장은 산성을 유지해야만 유산균과 같은 유익한 미생물이 대장에서 서식하기에 좋은 환경이 된다. 대변의 색깔은 빌리루빈에 의해 기본적으로 갈색이지만 장에 도달하면 pH의 영향을 받게 된다. 장 속의 pH가 정상적으로 산성이면 노란색 계통으로 변하는데 그렇지 않고 알칼리성이면 황록색으로 변하는 성질이 있다. 이것이 건강한 아이의 대변이 황금색인 이유이다. 건강한 아이라면 우선 대변의 색깔이 좋아야 한다. 지금이라도 내 아이의 대변 색깔을 유심히 관찰해 보자. 아이의 대변색이 황금색에 가까울수록 장 건강이 좋은 것이며 황록색 또는 갈색이라면 장 건강을 점검해야 한다.

아이 대변의 3가지 주성분

여기에서 똥의 의미를 해석해 보자. 똥을 의미하는 한자어에 '똥 분糞' 자가 있다. '쌀 미米' 자와 '다를 이異' 자가 합쳐진 글자이다. 이 글자를 풀이하면 '쌀의 달라진 모습'을 의미한다. 똥을 의미하는 다른 한자어로 '똥 시屎' 자가 있다. '주검 시尸' 자와 '쌀 미米' 자가 합쳐진 글자이다. 이 글자는 '쌀이 죽은 것'을 의미한다. 쌀이 달라졌거나 쌀이 죽었다는 것은 음식을 먹고서 소화 흡수된 후에 찌꺼기가 대변으로 배출되는 것을 의미한다. 똥을 의미하는 한자어의 구성이 아주 재미있다.

그렇다면 실제로 대변은 어떻게 구성되어 있을까? 아이의 대변은 단순히 음식의 찌꺼기만이 아닌 3가지의 구성물질로 되어 있다. 첫 번째는 음식물을 완전히 소화 흡수한 후에 내보내는 찌꺼기이다. 다음으로 아이 몸의 60조 개나 되는 각 세포가 수명을 다해 사멸되면 세포의 사체가 모두 장으로 모여든다. 마지막은 대장에서 장내세균총을 형성하면서 활동하다가 수명을 다한 장내 미생물의 시체이다. 장내에는 무려 60조 마리에 달하는 엄청난 장내세균총이 무리를 짓고 있다. 이 세균들은 수명이 2일 정도밖에 안 되므로 하루에도 시체가 무수히 쏟아져 나온다. 성인의 1일 배변량이 평균적으로 200g 정도인데 내용물로는 이처럼 음식물의 찌꺼기, 수명을 다한 세포의 사체, 세균의 시체가 각각 1/3씩 차지하고 있다. 이는 음식물의 소화 기능, 우리 몸의 세포 및 조직의 건강도, 장내세균총을 이루는 미생물의 활성도에 따라 대변의 상태가 좌우됨을 의미한다.

똥이 썩지 않는다

우리나라도 식생활이 서구화되면서 매 끼니마다 밥을 주식으로 먹는 인구가 줄어들고 있다. 연간 쌀 소비량이 지속적으로 감소 추세이며 아침을 굶거나 대체식품으로 먹는 인구가 증가했다. 그에 따라 개개인의 배변량이 급격히 감소하고 있다. 일본의 한 조사에 의하면 1940년대 일본인의 평균 배변량은 350~400g 정도였다. 그러던 것이 현재는 150~200g으로 감소했고, 심지어 100g 미만인 사람도 있는 것으로 조사되었다. 각종 채소에 함유된 식이섬유 섭취의 부족이 표면적인 원인이다. 그러나 좀 더 깊이 연구해 보면 장내 환경을 도와주는 천연 비타민, 미네랄, 효소의 부족과 함께 장내 유익균의 감소가 근본적인 문제로 지적된다. 우리 주변에서 만성 변비로 고생하는 사람은 이제 다반사이다. 변비약 광고가 설사약 광고보다 훨씬 더 많지 않은가. 대변은 모든 노폐물과 독소를 내보내는 배출구이다. 대변의 양이 줄어들면 그만큼 노폐물과 독소가 쌓이게 된다.

도로의 휴게소가 지금처럼 많지 않던 시절, 서울에서 목포로 가는 중간 지점인 서산 부근에서 버스들이 한 번씩 서곤 했다. 그러면 사람들이 차에서 내려 남의 밭에 적당히 볼일을 보는 게 낯선 풍경이 아니었다. 그 당시 밭주인들은 이를 싫어하지 않았는데 왜냐하면 사람들의 배설물이 좋은 거름이 되었기 때문이다. 그런데 요즘엔 사람들의 똥이 좀처럼 썩지 않는다.

똥이 썩지 않는 이유는 간단하다. 배설물 속에 유기물을 분해하는 유익균들은 부족하고 각종 유해균과 독소, 특히 방부제가 뒤섞여 있기 때문이다. 현대인의 식단에는 장내 환경을 악화시키는 무수한 식품첨가물과 저질 양념, 방부제가 가득하다. 실제로 방부제 섭취를 많이 하면 똥이 썩지 않는다는 것이 증명되었다. 이런 똥은 썩어도 고약하게 썩는다. 나뭇잎이나 풀로 퇴비를 한다고 해서 무조건 좋은 퇴비는 아니다. 퇴비를 썩히는 과정에서 잘못 썩히면 독가스가 발생하고 그런 퇴비를 논밭에 뿌리면 오히려 토질이 악화되고 농작물에 피해를 준다.

어린아이의 대변은 건강 상태를 그대로 대변한다. 19세기의 철학자 루트비히 포이어바흐는 "우리가 먹은 것이 곧 우리가 된다"는 유명한 말을 했다. 이 말처럼 아이의 대변은 아이가 무얼 먹었는가에 관한 결과물이다. 다시 말해 아이의 대변은 독소의 보고서이다. 아이에게 일부러 방부제와 같은 독소를 먹일 부모는 없다. 그러나 아이의 대변은 음식으로 인하여 생성되는 독소를 정직하게 보여준다. 아이의 대변은 그 자체가 독소를 상징한다. 부모라면 아이의 대변부터 관심을 갖도록 하자.

어미 코알라의 배설물은 해독제이다

야생에는 새끼를 위하여 똥을 먹이는 동물이 있다. 우리가 잘 아는 유칼립투스 나뭇잎을 먹고 사는 코알라이다. 코알라는 순하고 귀여운 모습 때문에 인기가 높은 동물이다. 그러나 우리나라 동물원에서는 코알라의 사육이 불가능하다. 코알라는 유칼립투스 잎만을 먹고 사는 특이한 동물이기 때문이다. 우리나라는 기후 여건상 유칼립투스 나무가 자랄 수 없는 환경이다.

코알라의 유일한 먹이인 유칼립투스 잎은 영양가가 많지 않고 맛도 좋은 편이 아니다. 오히려 유칼립투스 잎에는 페놀, 테르펜 같은 유독 성분이 있어서 다른 동물들은 아예 먹지 못한다. 그렇다면 코알라 새끼는 어떻게 유칼립투스 잎을 먹어도 죽지 않는 것일까? 아니 유칼립투스 잎만 먹고도 일생 건강하게 살 수 있다니 미스터리다. 이 수수께끼의 비밀은 어미 코알라가 새끼에게 유칼립투스 잎을 먹일 수 있도록 특수한 훈련을 하는 것에 있다. 그 훈련이란 바로 어미 코알라 자신의 똥을 새끼에게 먹이는 것이다. 새끼 코알라는 수시로 어미의 항문을 핥기도 한다.

어미 코알라가 새끼에게 똥을 먹이는 이유는 독소를 없애기 위해서이다. 어미 코알라의 똥 속에는 유칼립투스 잎을 소화시키고 독소를 중화시킬 수 있는 미생물이 풍부하게 함유되어 있다. 어미 코알라 대변의 50%는 장내 세균이 차지하고 있으며 음식 찌꺼기는 30%에 불과하다. 결국 어미 코알라는 새끼에게 똥을 먹임으로써 자신의 장내 세균을 새끼의 장 속으로 전해주는 것이다. 그리고 이 세균이 유칼립투스 잎의 유독 성분을 해독한다. 이 얼마나 신비로운 시스템인가? 코알라 어미와 새끼 사이의 장에서 장으로의 완벽한 네트워킹이 아닐 수 없다.

장내 독소야말로
알레르기의 주범이다

알레르기는 마라톤 코스이다

지금 우리나라에는 3~4명에 1명꼴로 알레르기 환자가 존재한다. 현재로선 알레르기 환자의 증가 추세가 좀처럼 꺾일 기세가 아니다. 연령이 어릴수록 알레르기 환자가 더욱 많아졌다. 앞서 알레르기의 원인을 얘기하였지만 알레르기 이론은 현재 위생가설까지 제시되었다.

그럼에도 알레르기 치료에 관한 분명한 가이드라인이 제시되지 않다보니 알레르기 아이를 키우는 부모로서는 정작 치료에 있어 명확한 방향을 정하지 못한다. 사정이 이렇다 보니 대다수의 부모들은 대증적인 치료를 따라간다. 비염이 있는 아이의 부모는 당장 콧물, 재채기, 코막힘, 기침과 같은 증상이 일시적으로 호전되면 그것으로 만족하려 한다. 아토피로 고생하는 아이의 부모는 계절만 바뀌면 호전과 악화가 반복되는 아토피 증상에 지칠대로 지쳐서 이 병은 완치가 안 되는 병이라는 부정적인 사고에 사로잡힌다. 소아천식이 있는 아이가 갑작스럽게 천식 발작이 생기면 부모는 정신없이 병원이나 응급실로 뛰어가기 바쁘다.

알레르기 환자는 발작적인 알레르기 증상이 생길 때면 일단 급한 불을 끄고 봐야 한다. 그러나 매번 이런 식으로만 지나가서는 결코 알레르기에서 벗어날 길이 없다. 알레르기 치료를 단기전으로 판단한다면 결과는 백전백패이다. 알레르기는 42.195km를 달리는 마라톤 경주이다. 적어도 이 한 가지 원칙만 확고하게 흔들리지 않는다면 치료가 불가능하지 않다. 알레르기라는 마라톤 코스에 들어섰다면 완주를 위한 철저한 계획과 마인드를 갖추어야 한다.

알레르기의 내부 요인인 장내 환경

알레르기를 치료하는 병원에서는 소위 알레르겐으로 불리는 것들을 피하라고 한다. 그것이 꽃가루나 집먼지진드기와 같은 흡입성이든 계란, 우유와 같은 식이성이든 관계없다. 한편 의사에 따라서는 계란, 우유 등을 굳이 피하라고 하지 않는다. 어쨌든 알레르기를 유발하는 항원을 피하는 것을 회피요법이라고 한다. 그러나 일상생활을 하면서 무조건적인 회피요법을 실행하기는 어렵다. 게다가 알레르기를 일으키는 항원들은 세균이나 바이러스와는 달리 알레르기가 없는 사람들에게는 전혀 무해하다. 이처럼 누군가는 정상적으로 먹을 수 있는 식품이 누군가에게는 알레르겐이 된다는 것은 무조건 그 식품만을 탓할 일은 아니다.

알레르겐을 외부적인 요인이라고 한다면 우리 몸에서 내부적으로 알레르기에 작용하는 중요한 요인이 따로 있다. 이 내부적인 요인과 관련하여 가장 중요한 장기는 소화기관이며 그중에서도 장이다. 정확히 표현하자면 장과 관련한 장내 면역 환경이다. 지금까지는 알레르겐과 관련하여 장내 환경을 그리 중요시하지 않았다. 알레르겐을 피하든지, 아니면 염증 반응에 대한 대증요법만을 위주로 매번 알레르기 치료를 하였다. 그러다가 최근 들어 장내 세균의 존재에 대한 인식이 급격히 부각되었다. 알레르기 치료에 쓰이는 약은 크게 스테로이드제, 항히스타민제, 그리고 항생제인데 그중 항생제의 오남용에 대한 부정적인 견해가 심화되고 있다. 항생제는 소아의 호흡기 질환에 빈번하게 사용되는 대표적인 약이다. 이 항생제가 장내에 서식하는 세균들, 특히 유산균과 같은 유익균마저 사멸시켜 장내 환경을 악화시키는 주범으로 지목되고 있다.

어린아이의 장 속에는 60조 마리의 미생물이 서식하고 있다. 이들 미생물은 거대한 세균총을 형성한다. 그러면서 유해균과 유익균 간의 끊임없는 영토 전쟁을 벌인다. 알레르기 체질인 환자의 장내는 유해균들이 우세한 상황이다. 장내에 유해균이 우세하면 소화 흡수를 방해하면서 각종 독소를 생성하고 장운동을 약화시켜 배변 이상을 초래한다. 비유하자면 환경오염물질을 대량으로 방출하는 산업 공단이 밀집한 지역과도 같다. 공해 지역에 오래 거주하다 보면 각종 호흡기 질환이 생기게 마련이다. 장내의 환경도 이와 유사해서 유해균이 득실거리면 음식을 정상적으로 분해할 수가 없다.

유해균에 의하여 장내 환경이 나빠지면 이차적으로 장벽까지 손상이 된다. 장내 환경이 열악해지면서 생기는 대표적인 장 질환이 장누수증후군_{새는장증후군}, 셀리악병, 크론병, 베체트병 등이다. 장누수증후군이란 융모와 융모 사이의 융모세포벽에 균열이 생겨 장내에서 채 소화되지 않은 음식물이나 독소가 장벽으로 스며들어 장 조직에 염증을 일으키고 면역 시스템을 교란시키는 질병이다. 장누수증후군은 장점막의 파이어판에 위치하는 면역세포와 신호물질의 활동을 교란시킨다. 여기서 면역세포란 T 림프구, B 림프구이며 신호물질은 사이토카인, 인터루킨 등이다. 우리 몸의 면역세포는 70%가 파이어판으로 불리는 장 조직에 위치하고 있다. 이 곳에 집결되어 있던 면역세포는 혈관이나 림프관을 통하여 호흡기나 전신으로 이동하여 각종 면역 활동을 수행한다.

장내 독소가 알레르기의 주범이다

모든 알레르겐의 공통적인 특징은 단백질 성분을 함유하고 있다는 것이다. 음식을 섭취해서 단백질이 소화기관으로 들어오면 단백질분해효소에 의하여 펩티드 결합이 분해되고 아미노산으로 바뀐다. 아미노산으로 바뀐 상태에서 장내로 흡수되어 혈관을 통해 세포로 이동하여 에너지 대사에 이용되는 것이 단백질 대사이다. 그런데 장내 환경이 열악해지고 장누수증후군이 생기면 융모세포벽 사이로 틈이 벌어진다. 이렇게 벌어진 틈 사이로 분해되지 않은 각종 식품의 거대 단백질이 그대로 파이어판으로 들어오게 된다. 정상적인 면역 반응이라면 융모 사이의 M 세포라는 곳을 통하여 항원이 유입되는데 면역세포의 입장에서는 예기치 않은 상황이 발생한 것이다.

이런 식으로 식품의 거대 단백질이 융모세포벽 사이로 비정상적으로 유입되면 면역세포는 스트레스 상황에 놓인다. 그러다가 어느 순간에 이종 단백질을 항원으로 인식하여 항체를 형성하면서 알레르기 반응을 일으킨다. 장벽을 중심으로 벌어지는 이와 같은 일련의 반응이 최신 알레르기 이론이다. 장누수증후군은 어른만이 아니라 수유를 하는 영유아에게도 드물지 않다. 신생아 시기에 어떻게 융모세포벽에 틈이 생길 수가 있느냐는 의문이 생길 수 있지만 이 시기에 장내 환경을 열악하게 만드는 장본인은 분유일 가능성이 높다. 출생 직후에 피치 못하게 항생제 치료를 했다면 이 역시 강력하게 의심을 받는다.

우리가 일상에서 자주 섭취하는 가공식품과 식품첨가물은 그 자체가 유해성이 높은 식품이다. 이들 식품은 장내 환경을 악화시키고 유해균을 증식시켜 유해물질과 유해 독소를 증가시킨다. 가공식품과 식품첨가물은 장내 환경을 악화시키는 최대의 주범으로 유해 식품이자 알레르겐으로 작용한다. 결국 알레르기를 치료하기 위해서는 알레르겐식품과 유해

식품을 우선적으로 피해야 한다. 이들 식품을 가리지 않고 섭취하는 상태에서 치료하는 건 무리이다. 이와 함께 장내 환경을 근본적으로 개선해야 알레르기를 뿌리 뽑을 수 있다.

위생가설에 의하면 지나친 위생과 청결은 오히려 알레르기를 일으킨다. 그 이유는 기회 감염의 여지를 완전히 차단하기 때문이다. 기회 감염이란 장내 기생충에 의해 일어나는 사소한 염증 반응이다. 우리 몸에 해가 되지 않을 수준의 사소한 염증 반응은 오히려 면역 훈련을 하는 데 도움이 된다. 이와 달리 과도한 위생과 청결의 결과 장내의 기생충마저 완전히 박멸되면 면역세포가 면역 단련할 수 있는 기회조차 사라진다. 면역세포가 면역 단련을 충분히 받지 못하면 약간의 감염에도 지나치게 과민 반응을 보이는 부작용이 초래된다.

우리나라 유소아의
90%는 유당불내증이다

유당불내증과 락타아제

유당불내증이란 말 그대로 유당을 분해하지 못하여 물 같은 설사, 구
토, 심한 방귀 냄새, 복부팽만 등을 일으키는 증상이다. 평소 우유를 즐겨
마시지 않거나 유제품을 마신 후에 속이 거북한 아이나 어른이라면 거의
유당불내증 환자이다. 유당불내증 자체는 중증 질환이 아니어서 대다수
가 심각하게 받아들이지는 않는다. 그보다 유당불내증은 우유를 포함한
유제품과 매우 밀접한 관계가 있다.

유당lactose은 이름 그대로 포유류의 젖에 함유된 당으로 젖당이라고도

한다. 이당류인 유당은 유당분해효소인 락타아제^{lactase}에 의해 포도당과 갈락토오스로 분해된다. 포유류의 젖에는 탄수화물이 대부분 유당 성분으로 되어 있다. 동물에 비하여 사람의 모유에는 유당의 비율이 7%로 상대적으로 높은 편이다. 뇌는 에너지원을 오로지 탄수화물에서만 이용한다. 유당의 양과 뇌의 발달은 비례해서 인간은 동물에 비하여 유당의 요구량이 비교적 높다. 유당에서 분해된 포도당은 뇌의 유일한 에너지원으로 쓰인다. 갈락토오스는 뇌세포의 중요한 구성 성분으로 두뇌 발육을 왕성하게 하며 장의 점액질에 필요한 원료이다. 모유의 유당은 분유와 달리 '평형 유당'이어서 소화도 잘되고 락타아제에 의해 잘 분해된다. 평형 유당이란 알파-유당과 베타-유당이 4 : 6의 비율로 구성된 유당으로 이 비율일 때 락타아제의 활성도가 높아지면서 소화가 잘된다. 유당은 거의 소장에서 락타아제에 의해 분해되며 소화가 안 된 유당의 일부는 대장으로 내려가 유산균의 먹이가 된다.

유당불내증은 유당분해효소인 락타아제의 결핍이 원인이다. 유당을 분해하는 락타아제는 수유를 하는 영아기에 매우 활발하게 생성된다. 그러다가 아기의 월령이 올라가면 점차적으로 감소한다. 락타아제가 나이에 따라 감소하는 이유 역시 당연하다. 젖을 먹어야 하는 영유아기에는 젖 속에 함유된 유당을 분해하기 위한 효소가 반드시 필요하다. 엄마의 젖이든 소젖이든 마찬가지이다. 그러다가 젖이나 분유를 떼면서 자연스럽게 유당을 분해할 필요성이 없어지므로 효소인 락타아제도 용도 폐기되는 셈이다.

락타아제는 소장 내의 다른 소화효소에 비하여 많지가 않다. 또 가장 표면에 존재하는 효소여서 장염과 같은 염증성 질환에 의하여 파괴되기 쉽다. 락타아제는 한 번 감소하면 회복이 더딘 편이다. 유당이 소장으로 들어올 때 락타아제가 감소되거나 결핍되면 소화되지 않은 상태로 곧장 대장으로 내려간다. 대장에서는 세균에 의해 유당이 분해된다. 박테리아가 유당을 분해할 때 혈액 내의 수분을 끌어오므로 설사를 일으킨다. 이때 산과 가스를 발생시켜 가스가 차고 복통이 일어나는 것이다. 유당불내증이 장기화되면 아토피나 알레르기 증상으로 이어질 가능성이 높아진다.

유당불내증에는 유제품도 독소이다

통계적으로 보면 세계 인구의 75%가 유당불내증이 있어서 유당을 소화시키지 못한다. 락타아제는 나이가 들면서 점차 감소한다. 락타아제의 활동 저하는 사람만이 아니라 모든 포유류에게 나타나는 현상으로 실험적으로도 증명되었다. 동양인은 서구인에 비하여 생후 2~3세가 지나면 락타아제가 급격히 감소하면서 유당불내증이 많아진다. 우리나라는 유치원 이상의 유소아로만 따지면 90% 가까이가 유당불내증이 있는 셈이다. 흑인들도 동양인처럼 유당불내증이 많다. 어려서부터 우유를 많이 마시는 전통적인 북유럽 백인계와 유목 민족은 예외적으로 유당불내증이 적다. 미국인을 기준으로 3~5천만 명에서 유당불내증이 있는데 인디언과 아프리카계 미국인은 70%, 히스패닉계 미국인은 50%, 코카서스인은 20%로 같은 미국인이어도 차이가 난다. 이처럼 유당불내증은 영유아보다는 유소아, 유소아보다는 어른, 서구인보다는 동양인일수록 발병률이 높다.

세계 인구의 25%만이 유당불내증이 없는데 특히 중앙아시아 유목 민족의 후손들로 기원전부터 북유럽에 정착하여 살아 온 사람들이다. 결과적으로 세계 인구의 3/4은 유당불내증이 있고 1/4만이 유당불내증이 없다. 이를 달리 표현하면 3/4은 선천적으로 유당 거부 반응이 있고 1/4은 유전적 변이로 유당 거부 반응이 없는 셈이다. 상대적으로 3 : 1의 비율로 유당 거부 반응을 가진 사람들이 많다. 유당불내증이 있는 사람들이 지속적으로 우유를 마시면 두통, 현기증, 집중력 저하, 기억력장애, 극심한 피로, 근육과 관절의 통증, 알레르기 반응, 부정맥, 구강 궤양, 인후통 등의 전반적인 중독 증세를 보이는 것으로 나타났다. 그렇다면 유당 거부 반응이 있는 3/4에게 우유가 들어간 락토오스식품을 아예 주지 않으면 어떻게 될까? 놀랍게도 위에서 열거한 중독 증상들이 거의 다 사라진다. 이미 기원전에 유전적 변이로 유당 거부 반응이 없는 북유럽 사람들을 제외하면 유당불내증인 유당 거부 반응은 자연스러운 현상인 것이다.

어른은 우유를 먹으면 거의 유당불내증이 나타난다. 과거에는 우유를 먹고 설사하는 사람이 많았다. 설사의 원인이 우유 속의 단백질이라고 생각했지만 사실은 유당 때문이다. 어른에게는 유당을 분해하는 락타아제가 분비되지 않는다.

유당불내증이 이렇게 많은데도 우유를 마시는 인구 또한 많은 것을 보면 참 아이러니하다. 소젖을 먹는 송아지도 나이가 들면 락타아제가 감소하면서 젖을 먹지 않는데 사람만큼은 우유를 즐겨찾고 있다. 실제로 우유를 마시면 속이 불편한 아이나 어른이 제법 있다. 그렇지만 이미 우유나 버터, 치즈, 요구르트 등의 유제품과 우유가 첨가되는 식품은 너무도 많다. 이론적으로야 우유나 유제품을 먹지 않는 것이 타당하다. 유당불내증에는 유제품이 독소일 수밖에 없다. 유당이 소장에서 분해되지 않은 채 그대로 대장으로 내려가면서 설사, 변비, 가스, 복부팽만감, 복통과 같은 증상을 일으키는 것이다. 우유나 유제품이 맞지 않는데도 일상생활에서 이미 많이 먹고 있다면 차선책으로 이에 대한 적절한 조치가 필요하다. 유당불내증이 있는 아이 중에는 유제품 말고도 탄수화물, 지방, 단백질 성분에 관해서도 소화력이 약한 아이가 있다. 이런 아이는 주로 소음인 유형의 체질로 음식이 독이 되지 않도록 각별히 주의해야 한다.

유당불내증을 개선하는 방법

우유가 들어간 식품은 생각보다 굉장히 많다. 심지어 햄, 소시지, 햄버거, 감자칩, 탄산수에도 들어 있을 정도이니 말이다. 그러므로 우리 자신도 모르는 사이에 유제품을 수시로 먹고 있는 셈이다.

유당불내증을 개선하는 가장 좋은 방법은 당화력을 좋게 하는 것이다. 당화력이란 전분과 같은 다당류, 유당이나 맥아당과 같은 이당류를 포도당이나 과당으로 단당화시키는 것을 말한다. 우유를 유산균으로 발효하면 유산균이 유당분해효소인 락타아제를 생산하여 우유의 유당을 분해한다. 유산균은 우유를 발효하는 과정에서 유당을 분해하는 락타아제를 생산한다. 락타아제는 우유의 유당을 분해하여 요구르트를 먹을 때 소화가 잘되게 한다. 우유를 소화시키지 못하는 체질도 요구르트는 소화시킬 수 있다. 발효유인 요구르트를 먹이면 소화가 되고 배변 기능이 좋아지는 것은 이런 이유 때문이다. 발효해서 만든 요구르트나 유산균 프로바이오틱스도 당연히 유당불내증 개선에 도움이 된다. 시중에서 파는 요구르트나 비피더스에도 유산균은 들어 있지만 설탕과 같은 첨가물이 너무 많아서 권장하고 싶지는 않다.

전통 음식 중에도 당화력을 높여주는 대표적인 식품으로 엿기름이 있다. 엿기름은 식혜를 만들 때 쌀을 당화하기 위해서 사용하는 재료이다. 고두밥에 엿기름을 섞어서 숙성시키면 천연 소화제인 식혜가 된다. 엿기름은 보리의 싹을 발아시켜 말린 것이다. 한의학에서는 엿기름을 노르스름하게 볶아서 맥아라는 중요한 소화제로 사용한다. 엿기름은 매우 흔해서 구하기가 어렵지 않다. 식혜를 만들 때 엿기름은 당화제이지만 밥을 지을 때 넣으면 훌륭한 천연 소화제가 된다. 엿기름을 살짝 볶은 후에 분말로 곱게 갈아둔 후 밥을 지을 때 엿기름 가루를 1~2 티스푼 넣어주면 소화를 촉진한다. 현미나 콩, 조, 수수 등의 잡곡을 먹고 싶은데 소화력이 약한 아이라면 엿기름 볶은 가루를 천연 소화제로 이용하면 소화에 많은 도움이 된다. 엿기름은 우유의 유당불내증을 해결하지는 못하지만 유당불내증이 있으면서 소화력이 약한 아이의 소화 흡수를 도와준다.

평소 유당불내증이 있는 아이가 설사를 하거나 장염이 생겼을 때에는 멥쌀을 끓여서 미음을 만들어 먹이면 좋다. 우리 어머니들은 아이가 탈이 났을 때 미음을 끓여 먹이는데 그러면 설사가 줄고 영양 보충이 되기 때문이다. 멥쌀에는 장을 따뜻하게 하는 성질이 있다. 장은 따뜻하게 하면 낫는다. 멥쌀은 우리나라 사람들의 주식이기도 하지만 비위를 보하고 소화를 돕는 효과가 있다. 한의학에서는 갱미粳米라고 해서 소화력이 약하고 배가 찰 때 이를 개선할 목적으로 처방에 활용한다. 갓난아기 중에도 유당불내증이 있을 때 멥쌀을 끓인 밥물을 분유에 타서 먹이면 설사가 줄어드는 효과를 보기도 한다. 만약 위장이 아주 냉한 체질의 아이라면 멥쌀 대신에 찹쌀로 미음을 만든다.

04

우유는 살균 과정과
4대 첨가물에
문제점이 있다

베일에 가려진 우유의 진면목

우리나라 국민이 가장 많이 마시는 음료는 청량음료, 건강음료, 그리고 우유이다. 청량음료나 건강음료와 달리 우유는 정부에서 정책적으로 장려하는 건강식품이다. 우유는 유치원이나 초등학교에서 의무적으로 배식될 만큼 필수식품이다. 그럼에도 과연 우유가 전 국민을 위한 건강식품으로서의 가치가 있느냐는 의문이 늘 있었다. 한국인은 전통적으로 우유를 마시던 민족이 아닌데 단체 급식에서까지 의무적으로 먹여야만 하는 것일까? 그러던 차에 유기농 목장을 경영하는 목장주를 만나 현장의 얘기를 진솔하게 들을 수가 있었다.

　단도직입적으로 우유가 과연 모유 대체식인 분유의 주재료이자 국민의 건강식품으로 안전한가를 문의하였다. 그분은 우유의 가장 큰 문제는 살균에 있다고 하였다. 우유는 초고온이나 저온에서 살균을 하는데 이 과정에서 이미 영양소의 파괴가 시작된다. 132도의 초고온 살균에서는 영양소의 80%까지 파괴되고, 60도의 저온 살균에서는 30%가 파괴된다. 초고온 살균에서는 모든 균이 제거되는데 심지어 유산균과 같은 유익균과 효소마저도 완전히 사멸된다. 소비자는 우유를 살균하면서 청결과 안전이 보장된다고 여기겠지만 영양 파괴와 함께 유산균, 효소의 사멸까지는 전혀 눈치를 채지 못한다.

　여기에서 1등급 우유의 허상을 살펴보자. 우유의 등급은 2가지 기준인 세균 수와 체세포 수로 판정한다. 1등급 우유에서는 당연히 세균이 검출되지 않는다. 대신 우유 흡수에 필요한 유산균이나 효소도 완전히 제거되고 없다. 이는 지나친 위생과 청결 관념이 오히려 우리 몸에 유익한 장내 세균과 기생충을 박멸하는 것과 같은 이치이다. 또 살균 및 표준화, 균질화 과정에서 지방이 변성되고 영양소마저 파괴되고 만다. 시중에 2등급 우유가 없다는 것은 등급을 위한 등급 판정이라는 인상을 지울 수가 없다.

　익히 알려진 바와 같이 젖소에게 항생제나 성장촉진제를 투여하는지의 여부를 문의해 보았다. 의외로 국내 낙농가에서는 항생제와 성장촉진제를 전혀 사용하지 않는다고 한다. 우리나라는 대규모 기업형 축산이 아니기에 약물 사용에 대한 규제와 관리만큼은 완벽하게 시행되고 있었다. 젖소의 사료에 항생제를 섞어 먹이는 이유는 감염 방지보다는 체중을 늘리고 우유의 생산량을 늘리려는 목적이었다. 항생제를 남용하지 않아서 천만다행이다 싶었는데 웬걸 우유량을 늘리기 위한 또 다른 편법이 있었다. 젖소에게 풀 사료가 아닌 곡물 사료를 먹이면 우유량이 증가한다는 것이다. 곡물 사료비가 비싸므로 값싼 GMO 옥수수, 콩 등을 사료로 이용하고 있는 것이다.

소의 체중을 늘리기 위하여 축산업자들이 양고기의 내장을 먹여서 생긴 병이 광우병이다. 곡물 역시 소에게 먹여서는 안 될 사료이다. 더구나 소에게 유전자조작을 한 곡물 사료를 먹이면 오메가-6 지방산이 증가하여 우유나 육고기를 먹는 사람에게 끼치는 유해성은 불 보듯 뻔하다. 곡물 사료의 문제는 비단 GMO 사료에만 있지 않다. 곡물 사료를 먹이면 젖소에게 지방보호제, 단백질보호제, 소화제로서의 가성소다, 칼슘제까지 4가지 첨가물을 같이 먹게 된다. 우유에는 칼슘 성분이 많다는 것이 상식이다. 그런데 젖소에게 칼슘제를 보충제로 먹인다는 얘기는 매우 의외여서 재차 그 이유를 물어보지 않을 수 없었다. 이유인즉 곡물 사료로 우유 생산량을 늘리면서 소의 체내 칼슘이 부족해지므로 이를 보충하기 위해 별도의 칼슘제를 보충해야 한다는 것이다. 이 모든 것이 우유의 생산량을 늘리기 위한 목적에서 행해지고 있다. 우유가 소비자의 건강보다는 생산 논리에 의해 공급되고 있다니 얼마나 씁쓸한 일인가. 우리가 매일 먹는 우유가 정말 건강한 우유인가 되묻지 않을 수가 없다.

안전하고 건강한 우유란?

그렇다면 과연 우리나라에서 안전하면서도 건강한 우유란 어떤 우유일까? 현재 시중에서 유통되고 있는 우유는 모두 가공우유이다. 제조 과정에서 파스퇴르 과정, 표준화 과정, 균질화 과정을 거쳐서 가공된 우유인 것이다. 또한 각종 영양 성분을 첨가하여 강화우유라는 이름으로도 시판되고 있다. DHA, 오메가-3 지방산, 비타민, 칼슘, 철분 등을 첨가하여 강화우유로 시판되는데 함유량이 극미량이며 대부분 화학적으로 합성된 첨가물이다.

이렇게 제조된 가공우유는 수많은 식품 속에 들어간다. 우유가 들어간 식품은 조제 분유, 조제 이유식, 요구르트 제품 말고도 너무나 다양하다. 바나나우유 등의 가공유, 빵, 과자, 감자칩, 파스타, 햄, 소시지, 햄버거, 사탕, 탄산수, 맥주, 다이어트식품, 인스턴트식품 등에 실로 다양하게 함유되어 있다. 사실 우리가 하루에 섭취하는 우유의 양은 가늠할 수조차 없다. 이렇게 식품 속에 있는 유제품을 무수하게 먹는 가운데 우리 몸 안에서 유당불내증, IGF-1과 여성호르몬의 섭취, 칼슘 과다 섭취, 유단백 흡수장애, 알레르기 반응이 일어나는 줄 모른 채 살아간다.

현재 미국에서는 가공우유의 대안으로 '생우유 마시기 운동'이 추진되고 있다. '생우유'란 제대로 된 우유로서 가공우유와는 다르다. '공장식 축사가 아닌 넓은 방목장에서 방목하며 목초를 먹인다. 성장촉진제를 젖소에게 투여하지 않는다. 우유를 짠 다음에 멸균이나 가공 처리를 하지 않고 안전한 냉장 시설에서 관리한다'는 이 운동은 FDA^{미국식품의약국}의 정책에 정면으로 배치되어 아직 허가를 받지 못하고 있다. 그러나 이 운동에 참여하는 소비자들이 계속 늘고 있다. 미국의 28개 주에서는 이미 생우유를 공식적으로 사고판다고 한다.

미국의 한 민간단체는 미시간주 지역에서 유당불내증이 있는 사람들에게 생우유를 먹였는데 85%가 아무 이상을 보이지 않았다고 발표했다. 세계 인구의 75%가 유당불내증인 걸 감안하면 놀라운 성과이다. 이는 가공우유와는 달리 생우유에는 유당분해효소인 락타아제가 들어 있음을 간접적으로 시사하는 것이다. 우유 속에 살아있는 유익한 생균과 유당을 분해하는 효소들이 소화 흡수를 촉진하는 것이다. 90%의 인구가 유당을 흡수하지 못하는 동양인에게는 매우 기대되는 소식이다. 우리나라에서도 '생우유 마시기 운동'이 생협, 한살림, 초록마을 같은 유기농 업체를 통하여 전개되었으면 하는 바람이다.

우리나라에서는 아직까지 멸균하지 않고도 안전한 생우유는 생산되지 않는다. 대신 저온 살균한 유기농우유는 유통되고 있다. 사실 유기농우유를 생산하는 목장 역시 방목 환경이 미흡하고 풀이 아닌 곡물 사료를 추가로 먹이고 있는 것이 축산 농가의 현실이다. 그나마 필자가 만난 목장주는 GMO 사료를 일절 사용하지 않는 유기농우유를 생산하고 있었다. 이 분이 최근에 '풀우유'라는 브랜드의 우유를 유기농 업체에 납품하기 시작하였다. 풀우유란 곡물 사료를 먹이지 않고 방목 환경에서 풀만 먹인 젖소의 우유라는 의미이다. 이처럼 풀만 먹인 젖소에서 생산한 풀

우유가 매우 극소수이지만 국내에서도 보급되고 있다. 우리나라의 열악한 축산 환경에서도 양질의 우유를 생산하려는 분들의 노력을 확인하였기에 더욱 신뢰하고 마실 수 있는 건강한 우유가 나오리라 믿는다.

현실적으로 우유를 마시는 대안으로는 우유에 유산균을 넣고 발효한 요구르트를 추천하고 싶다. 모든 화학적인 처리보다 인간에게 더 유익한 가공법은 미생물의 도움을 받는 것이다. 콩을 염산 처리해서 만든 제품인 산분해간장은 유해하지만 바실러스균으로 발효한 청국장과 된장은 건강에 좋다. 단백질을 염산 처리한 단백질가수분해제는 인공의 맛을 내지만 초산균으로 발효한 식초는 피를 맑게 하고 해독을 해주는 질 좋은 양념이다. 우유를 발효할 때 시중의 요구르트나 비피더스 제품을 사용하지 말고 요구르트 종균을 구입해서 하는 것이 좋다. 한편 우유에 천연 식초를 타서 마시는 것도 하나의 방법이다. 천연 식초에는 유기산과 비타민, 미네랄이 풍부하여 우유가 흡수되는 과정을 도와준다.

05

밀가루 음식이 아이의
기호식품이 되어서는
안 되는 이유

밥보다 밀가루를 먹는 세대

우리 민족은 쌀을 먹는 민족이었을까 아니면 빵을 먹는 민족이었을
까? 의외이겠지만 둘 다 정답이 아니다. 밥을 먹긴 밥을 먹었으되 쌀 위
주가 아닌 콩, 보리, 조, 수수 등이 많이 들어간 잡곡이 우리 민족의 주식
이었다. 국토의 60~70%가 산악 지대인 우리나라에서 전 인구를 먹여 살
릴 만한 쌀 수급은 애초부터 불가능한 여건이었다. 그랬기에 쌀이 귀하
던 시절에는 전 국민에게 혼식을 장려하기도 하였다. 그러던 것이 1970
년대 들어 벼농사를 장려하고 국민 GNP가 높아지면서 주식이 쌀밥으로

바뀌게 되었다. 쌀밥은 혼식에 비하여 맛이 부드럽고 찰기가 있어서 밥맛도 좋다. 이처럼 쌀이 우리 민족의 주식으로 자리잡은 지는 40여 년에 불과하다.

그런데 최근 들어 쌀 소비량이 점점 줄어들고 있다. 2013년 국민 1인당 연간 쌀 소비량은 67.2kg으로 전년 대비 3.7% 감소한 것으로 나타났다. 1984년의 130.1kg이나 쌀 소비량이 가장 많았던 1970년의 136.4kg에 비하면 절반 이상으로 줄어든 수치이다. 이를 하루 소비량으로 환산하면 184g에 불과하며 한 사람이 하루에 밥 2공기도 먹지 않는 셈이다. 그렇다고 우리의 음식 문화가 과거처럼 혼식으로 회귀한 것도 아니다. 이는 전적으로 밥을 대체하는 식생활로 전환되고 있다는 증거이다.

쌀 소비량이 줄어든 데에는 여러 요인이 있겠지만 밀가루를 빼놓을 수 없다. 밥의 빈자리를 밀가루가 차지하고 있다. 밥은 안 먹더라도 밀가루가 들어간 식품으로 끼니나 간식을 때우는 사람들이 상당수 늘어났다. 아침 식사를 콘플레이크, 식빵, 샌드위치, 햄버거로 대신하고 라면, 자장면, 스파게티, 만두, 떡볶이, 어묵 등을 즐기며 과자, 초콜릿 등의 가공식품을 간식으로 한다. 밀가루식품은 이것만이 아니다. 밀가루 성분이 없을 거라고 여기는 개량된장, 양조간장, 액상조미료, 햄, 소시지, 수프, 카레, 당면, 심지어는 쌀국수, 쌀소면 등에도 예외 없이 밀가루가 들어간다. 한마디로 밀가루 천국에 살고 있다.

세계적으로 밀은 쌀과 함께 2대 작물이지만 동서양을 놓고 보면 사정이 다르다. 서구에서는 육류와 함께 밀로 만든 빵이 주식이었던 반면에 동양에서는 보조 식량이었다. 예전만 해도 우리나라에서 밀은 귀한 곡물이어서 밀전병, 유밀과 등의 별식이나 간식, 누룩과 같은 특수한 용도로 쓰였다. 국수나 수제비만 해도 우리의 전통 음식이 아니라 6. 25 전쟁 이후 다량의 밀가루가 도입되면서 형편이 어려운 사람들에게 주식 대용의 역할을 하였다. 우리나라에서 밀가루 소비량이 급증한 것은 1940년대 미국의 밀가루 무상 원조 전략과 1970년대 밀가루 수입 자유화 이후이다. 2012년 통계를 보면 우리나라 사람들의 연간 밀가루 소비량은 33.6kg이나 되어 쌀 소비량의 69.8kg에 비교할 때 엄청나게 증가했다. 여기에는 90% 이상의 밀가루가 정제밀로 제분되어 제빵용, 제면용, 제과용으로 쓰이고 개량된장과 양조간장의 원료로 쓰이는 것이 주요 요인이다.

밀은 빵, 국수, 과자의 주재료로 단백질의 함량은 8~12%로 쌀보다는 1.5~2배가 많지만 필수 아미노산은 쌀보다 약간 적다. 당질은 69.9%, 지방질 2.9g, 섬유소 2.5g이며 비타민 B1이나 미네랄이 고루 들어 있다. 우리나라의 밀은 가을에 심어서 겨울을 나는 겨울밀이기에 쌀보다는 성질이 차고 보리보다는 따뜻한 편으로 비교적 찬 성질에 속하는 식품이다. 그래서인지 보리를 대맥, 밀을 소맥이라고 하였다. 더운 여름에 타서 마시는 미숫가루는 밀과 보리를 주재료로 한 갈증 해소제이자 영양보충제였다. 밀가루에 물을 첨가하여 반죽하면 글루텐이 형성되는데 글루텐 단백질이 많은 강력분은 제빵용, 중간 수준인 중력분은 국수용, 글루텐 함량이 낮은 박력분은 제과용, 튀김용으로 쓰인다. 우리밀은 거의가 연밀이어서 국수용이나 부침개용으로 활용된다.

독이 되는 밀가루

밀 또는 밀가루는 이제 우리 식생활에서 없어서는 안 될 주요 식품이다. 그럼에도 최근 들어 밀가루의 유해성을 지적하는 목소리가 점점 높아지고 있다. 심지어 해독 치료에서는 저질의 밀가루를 첫 번째 독소로 지목하기도 한다. 밀가루의 점성을 높여주는 글루텐 단백질에 대한 부작용을 보면 서구인의 약 10%가 글루텐불내증이 있다. 글루텐불내증 중에서도 더욱 심각한 셀리악병은 1%로 추산되고 있다. 밀가루를 주식이 아닌 보조 식량으로 삼았던 우리나라 사람들이 서구인들보다 글루텐불내증이 적을 리 만무하다. 게다가 밀가루 소비량이 엄청나게 증가한 현재에 밀가루 부작용을 낙관하는 것은 매우 안이한 태도이다. 혹자는 알레르기 검사를 하면 밀가루 알레르기의 유무를 알 수 있다고 하는데 실상은 그렇지 않다. 알레르기 검사 자체가 밀가루 알레르기에 대한 유의성이 높지 않다는 것을 아는 사람은 의외로 적다.

밀가루 알레르기나 글루텐불내증이란 용어를 몰라도 체질적으로 밀가루가 맞지 않는 사람들이 있다. 이는 밀의 성질을 알면 비교적 쉽다. 밀은 성질이 비교적 찬 편인 데다가 글루텐 자체가 가스를 함유해서 먹은 후에 더부룩해지는 경향이 있으며 습한 기운을 없애는 조성燥性이 있다. 밀에는 약간의 산도도 있어서 위산이 과다 분비되면 속이 쓰리거나 생목이 오른다. 체질적으로는 열이 많으면서 소화력이 좋고 땀이 많은 체질일수록 밀가루를 먹어도 탈이 적다. 반면에 몸이 냉하고 소화력이 약하며 땀이 없는 체질일수록 밀가루가 맞지 않다.

사상체질로는 열태음인과 소양인이 비교적 잘 맞고 소음인이나 태양인이 맞지 않다. 소음인이나 태양인은 기본적으로 밀가루 음식을 과잉 섭취해서는 안 된다. 글루텐불내증이나 셀리악병은 소음인 또는 태양인에 훨씬 많을 수밖에 없다. 셀리악병이 생후 1세 이전에 많은 병인 것과 체질을 감안하면 영유아기에는 확실히 밀가루 음식을 조심해야 한다. 열태음인이나 소양인 중에서도 잘 붓고 비만이 되며 피곤해서 몸이 늘어지고 짜증이 많은 사람이 밀가루를 즐기면 점점 더 컨디션이 나빠지고 독소가 쌓이게 된다.

체질적으로 밀가루 과민 반응이나 부작용이 있는가 하면 밀가루의 질에 따라서도 얼마든지 밀가루가 독이 될 수 있다. 재배 과정 또는 수확 후에 농약 처리가 많이 된 밀은 안전성에서 떨어진다. 주요 밀 수출국인 미국에서는 수출용 밀에 관해서는 농약 처리를 허용하고 있다. 수입밀이 국내에 통관될 때 '잔류 기준치 이하'로 모두 통과되는데 이는 식용유 표기에서의 '트랜스지방 0'의 꼼수와 유사하다. 밀을 수확한 후에 장기간 보관한 묵은 밀은 동의보감에서도 열독熱毒을 생성한다고 하였다. 밀은 묵으면 성질이 바뀌어 열熱과 풍기風氣가 생기는데 예를 들면 팔다리가 저리게 되는 증상이다. 수입밀은 전과 달리 밀가루가 아닌 밀 그대로 수입이 되어 국내에서 가공 유통되고 있다. 통밀 상태로 수입되어 방부제를 안 쓴다고 하지만 수입밀은 농약 처리가 되고 묵은 밀일 수밖에 없다.

동의보감에는 밀의 껍질은 차고 속은 열熱한 성질이 있어서 껍질이 벌어지는 것을 피하라고 하였다. 만약 껍질인 밀기울이 벌어지면 번열이나 갈증을 없애는 밀의 효능이 사라진다. 이는 정제밀의 단점을 그대로 지적한 것이다. 겉껍질인 밀기울을 완전히 제거한 정제밀이 밀의 고유한 성질과 효능을 발휘할 리가 만무하다. 국내에서 유통되고 있는 밀가루의 99%가 이런 종류의 수입밀이자 정제밀이라는 사실이다. 게다가 대부분의 밀가루가 단순 밀가루 음식이 아닌 제빵, 제면, 제과의 형태로 각종 첨가물과 함께 제품화되다 보니 독소가 어디서 어떻게 형성되는지 소비자로서는 감지하기조차 어렵다.

밀가루 알레르기

어떤 어머니는 봄철 내내 꽃가루 알레르기로 고생하면서 양약을 2개월 동안 복용하였다. 그러고 나니까 몸이 너무나 피곤하면서 자꾸만 눕고 싶고 체중이 5kg이나 늘었단다. 꽃가루 알레르기는 꽃가루 속의 단백질 성분을 항원으로 인식하면서 면역 과잉 반응인 알레르기가 생기는 것이다. 어머니가 알레르기인 상태에서 아기에게 수유를 하면 아기도 알레르기 체질이 될 가능성이 높아진다. 이럴 때에는 치료에 앞서 먼저 식이요법을 제시한다. 그중에서 첫 번째로 중단해야 할 음식이 바로 밀가루 음식이다.

모든 알레르기는 식품의 단백질 성분과 직, 간접적으로 연관성이 있다. 밀가루, 특히 정제된 수입밀은 비타민, 미네랄, 식이섬유가 거의 다

파괴된 채 반죽하는 과정에서 글루텐 단백질이 생성된다. 수입 밀가루로 반죽해서 만든 식품을 먹으면 위나 장에서 흡수장애를 일으켜 일부분이 위벽 또는 장벽에 달라붙는다. 그 상태로 계속 있으면 단백질 변성이 외서 부패하게 된다. 속쓰림이나 위궤양이 있는 사람은 속이 답답해지거나 구역질을 하고 두통을 호소한다.

변성된 단백질이나 분자량이 큰 단백질이 장 조직으로 그대로 유입되면 면역 반응이 교란된다. 정상적인 과정이라면 밀가루의 글루텐 단백질이 완전히 분해가 되어 단백질이나 아미노산 형태로 흡수되어야 한다. 그 후에는 간 문맥을 거쳐 혈액순환을 통하여 전신의 세포로 이동한 후 에너지 대사에 참여한다. 그렇지 않고 변성되거나 완전히 분해가 안 된 형태에서 비정상적으로 융모세포벽의 누수된 틈새로 들어가면 면역세포는 이를 침입자로 인식한다. 이 과정에서 비정상적인 글루텐 단백질에 대한 항원항체 반응이 일어난다. 식품에 의한 알레르기는 밀가루의 글루텐, 분유, 우유, 계란, 육류, 어패류 등에 함유된 거대 단백질이 이와 같은 일련의 과정을 거치면서 발병 인자가 된다. 이런 식으로 알레르기화되면 꽃가루나 집먼지진드기 같은 흡입성물질에도 알레르기 반응이 나타난다.

밀의 단백질 함량은 8~12%로 쌀보다 1.5~2배가 많지만 필수 아미노산은 쌀보다 약간 적다. 밀가루를 물과 함께 반죽하면 반죽 전에는 없던 글루텐 단백질이 생성된다. 글루텐은 밀가루 고유 성분이 아니라 반죽 과정에서 글리아딘과 글루테닌이라는 2가지 단백질이 결합된 산물이다. 빵이나 쫄면 같은 밀가루 음식을 맛있게 먹는 이유가 바로 이 글루텐이라는 성분이 쫄깃쫄깃한 맛을 내기 때문이다. 이런 이유로 글루텐만을 별도로 추출하여 다른 제품을 만들 때 첨가물로 넣기도 한다.

글루텐은 쫄깃한 식감과 맛을 위해 첨가되지만 일단 장 속으로 들어간 후에는 다양한 부작용을 일으킨다. 글루텐의 부작용은 주로 소화가 안 되고 가스가 차는 위장장애인데 심하면 셀리악병^{Celiac disease}에 걸린다. 셀리악병은 의외로 동양인보다는 밀을 주식으로 하는 서구인들에게 많다. 이 병은 소장의 융모가 어떤 이유로 소실 또는 변형되면서 심각한 영양장애로 이어지는 병이다. 서구인들의 소화력이 약하다기보다는 통밀이 아닌 정제밀 또는 첨가물로서의 글루텐을 자주 섭취하면서 셀리악병이 많아지는 것으로 추정된다.

임상을 하면서 알레르기에 관한 매우 의미 있는 특징을 한 가지 발견하였다. 무수한 식품이 알레르겐으로 작용하는데 예외적으로 김치, 된장, 청국장, 그리고 밥만큼은 알레르겐으로 작용하지 않는다는 점이다. 우리나라 사람 치고 밥을 먹다가 알레르기 반응이 생기는 사람은 없다. 아기들도 분유나 이유식을 먹다가 식이성 알레르기가 생기면 우선적으로 미음이나 밥을 위주로 식단을 바꾸게 된다. 그만큼 밥은 안전한 식품이다. 알레르기 환자인 어린아이에게도 밥은 그야말로 고마운 생명줄이다. 쌀로 만든 밥은 위장을 따뜻하게 하고 소화도 잘되며 알레르기로 예민해진 소화기관에 영양 흡수를 도와준다. 밀가루 음식을 먹고 알레르기가 생겼다면 일단 식단부터 밥과 김치, 된장찌개, 장아찌 등의 전통 식단으로 바꾸어야 한다. 주의할 점은 전통 식단이라도 모든 재료와 양념을 양질의 것으로 선택하여 손수 만들어야 알레르기로부터 안전하다. 밥과 전통 발효식품은 아이들에게 가장 안전한 식품이자 알레르기를 예방해 주는 식이요법이다.

06

정제당과 인공감미료를
줄이면 뇌 기능이
좋아진다

단맛에는 브레이크가 없다

아이들이 가장 즐겨 찾는 맛을 꼽으라면 단연 단맛이다. 단맛은 인간
이 혀로 느낄 수 있는 가장 매력적인 맛이다. 아기가 세상에 태어나서 처
음 느끼는 맛도 모유에서 느껴지는 단맛이다. 감미^{甘味}는 입맛을 돋우고
비위를 건강하게 하며 살이 찌게 한다. 피곤할 때 꿀물을 한 잔 마시면 머
리가 개운해진다. 탈진 상태에서 포도당 주사를 맞으면 몸이 한결 가벼
워진다. 입맛이 좋을 때 밥을 먹으면 밥에서 단맛이 난다. 보약은 쓴맛이
강하지만 신기하게도 단맛이 느껴진다. 인삼, 황기, 감초, 대추, 녹용과

같은 보약 계통의 약재에는 미량의 감미가 있다. 단맛은 에너지원의 기초가 되는 당류가 내는 근원적인 맛이다.

그럼에도 단맛에는 치명적인 결함이 있다. 우리가 스스로 단맛을 제어하지 못하면 자신도 모르는 사이에 단맛 중독증에 빠지기 쉽다는 것이다. 단맛 이외의 맛은 농도가 어느 단계에 도달하면 거부감을 느낀다. 우리나라 사람이 매운맛을 아무리 좋아한다고 하더라도 캡사이신의 농도가 한계치를 넘어가면 견디지 못한다. 짠맛, 쓴맛, 신맛 등도 예외 없이 맛의 강도가 지나치면 먹기를 거부한다. 유독 단맛만큼은 브레이크가 없는 자가용처럼 결코 제어가 안 된다. 오히려 단맛은 먹으면 먹을수록 강한 중독성이 생긴다.

우리 몸은 다당류, 이당류, 단당류와 같은 당류로부터 적절한 에너지를 필요로 한다. 당분은 기본적으로 과일에 10% 내외로 함유되고 야채나 곡물에도 소량씩 존재한다. 사탕수수와 사탕무처럼 특정 식물에는 상당량의 설탕이 함유되어 있다. 설탕은 자당sucrose을 기본으로 하는 감미료이다. 인간은 자연 상태의 설탕인 원당으로부터 가공 처리를 한 정제당이 훨씬 더 강한 단맛을 낸다는 사실을 발견하였다. 사탕수수에서 정제당이 되기까지는 2번의 가열, 농축 과정이 있고 그때마다 이물질을 제거하는 정제 과정이 있다. 최종 작업인 재결정을 거치면 순도 99.7%의 자당 성분이 탄생한다. 전문 용어로는 수크로오스sucrose라고 한다. 설탕을 정제당이라고 부르는 이유는 이런 공정을 거치기 때문이다.

소금이 없으면 살 수 없지만 설탕은 없어도 살 수 있다. 설탕이 아닌 다른 종류의 당분만 있으면 충분하다. 그렇지만 이제 설탕은 우리의 일상에 없어서는 안 될 필수 기호품으로 이용되고 있다. 어쩌면 소금보다 훨씬 더 애지중지하는 게 설탕이다. 거기에 더하여 설탕보다 훨씬 단맛이 강한 인공감미료까지 넘쳐나고 있다. 이제는 반대로 소금 없이는 살수 있어도 설탕이 없으면 살 수 없노라고 말해야 할 지경이다. 그만큼 변장한 설탕들이 우리의 식생활에 침투하여 미각을 완전히 점령하고 있다.

정제당의 종류

정제당의 삼총사는 백설탕, 황설탕, 흑설탕이다. 정제당은 정제하지 않은 원당에 비하여 단맛이 훨씬 강하다. 정제하지 않은 유기농 원당을 구입해서 백설탕과 맛을 비교해 보면 백설탕이 훨씬 더 달다. 건강에도 좋지 않은 정제당을 생산하는 이유는 간단하다. 단맛을 선호하는 수요가 많기 때문이다. 지금도 황설탕과 흑설탕을 백설탕보다 건강에 좋은 설탕으로 아는 주부들이 있다. 황설탕은 백설탕을 가열 처리해서 갈변시킨 것이며 흑설탕은 한술 더 떠 황설탕에 캐러멜 코팅까지 한 것이다.

정제당의 종류는 매우 다양하다. 설탕 대신 음식 재료에 쓰이는 물엿도 정제당이다. 또 커피 전문점에서 무한 리필되는 슈거 시럽이나 캐러멜 시럽도 특수당인 것처럼 하지만 사실은 정제당의 종류에 불과하다. 포도당 중에서도 정제포도당이 있다. 게다가 설탕을 기피하는 당뇨 환자를 중심으로 요즘에는 과당fructose이 약국에서 불티나게 팔리고 있다. 설탕 대신 과당이 들어간 청량음료 제품도 쏟아져 나오고 있다. 설탕을 쓰지 않았기에 슈거리스sugarless로 표기되어 소비자의 눈을 현혹한다.

과당은 주로 과일 속에 많이 함유되어 좋은 당으로만 생각하기 쉽다. 이당류인 설탕이 포도당과 과당으로 구성되었기에 과당은 과일이 아니라도 정제가 얼마든지 가능하다. GMO 옥수수의 전분처럼 원가가 매우 저렴한 재료에서도 정제 추출이 가능하다. 현재 시중에 유통되는 과당은 대부분 정제당이다. 과당은 당류 중에서도 감미도가 가장 높고 맛도 상쾌하고 깔끔하다. 이런 이유로 과당에는 고급당이라는 이미지가 있지만 설탕을 대체할 수 있는 대체당으로 생각해선 안 된다. 유통되는 과당 역시 정제당의 변장한 모습에 지나지 않는다.

설탕 산업은 소비자의 건강이 우선이 아닌 단맛 경쟁의 산업이라고 해야 더 정확하다. 소비자가 선호하는 단맛 신상품 개발이 주목적이다. 고단위의 단맛은 필연적으로 정제 과정 없이는 불가능하다. 정제 과정에서 설탕은 그야말로 태어나지 말았어야 할 운명으로 변신한다. 설탕은 우리에게 거부할 수 없는 단맛을 제공하는 대신 소리 없이 건강을 앗아간다. 이른바 달콤한 유혹이다. 정제당은 한마디로 제동 장치 없이 달리는 과속 열차이다. 핵심 부품이 결함된 폭주 기관차인 것이다.

정제당에는 첫 번째로 식이섬유가 제거되어 있다. 천연당에서 식이섬유는 혈당의 흡수를 조절해주는 역할을 한다. 식이섬유와 혈당치의 관계를 증명할 수 있는 실험이 있다. 영국 당뇨병학회의 데이비드 젠킨스 박사는 사과를 3가지 방법으로 먹이는 실험을 하였다. 실험 결과 사과를 그대로 씹어 먹었을 때에는 혈당이 완만하게 상승하다가 이후에 점차 내려가면서 안정적으로 유지가 되었다. 사과를 주스의 형태로 즙을 내어서 먹었을 때에는 혈당치가 가장 빠르게 상승한 후 하락하였다. 마지막으로 사과를 강판에 갈아서 먹었을 때에는 혈당치가 중간 수준의 변화를 보였다. 사과를 그대로 먹으면 섬유질까지 섭취되어 혈당을 안정적으로 조절하지만 섬유질이 걸러진 주스는 혈당 조절이 거의 안 된다는 것을 증명한 실험이었다.

두 번째로 정제당에는 비타민과 미네랄이 빠져 있다. 당 대사에는 반드시 비타민과 미네랄이 요구된다. 설탕은 그 자체가 산성식품인데 불필요한 젖산이 생성되면 인체는 더욱 산성화된다. 설탕의 산성도를 중화하기 위해 이용되는 물질이 칼슘과 같은 알칼리 미네랄이다. 칼슘은 가장 유용한 알칼리 미네랄이자 중화제이다. 정제당이 계속해서 체내에 들어오면 이를 중화하기 위해 혈액이나 뼈에 있는 칼슘을 이용할 수밖에 없다. 이는 결과적으로 칼슘이 부족해져 뼈나 혈관이 약해지는 현상을 초래한다.

인공감미료

설탕이 건강에 안 좋다는 인식이 확산되자 등장한 제품이 인공감미료이다. 인공감미료의 대표주자는 아스파탐, 스테비오사이드, 자일리톨, 올리고당이다. 아스파탐은 100% 인공화합물이며 스테비오사이드, 자일리톨, 올리고당은 특정 성분만 정제한 것이다. 아스파탐은 설탕보다 200배나 달고 맛이 깔끔해서 각종 다이어트 음료, 콜라 등의 청량음료, 막걸리에 거의 다 첨가되어 있다. 현재 100여 국가에서 5천 종에 달하는 각종 다이어트식품에 광범위하게 사용되고 있다. 하지만 아스파탐은 30도 이상의 온도에서 메탄올, 포름알데히드, 개미산으로 변하면서 산성화되어 일명 '아스파탐 병'을 유발하는 것으로 알려져 있다. 30여 년 전 막강한 로비력으로 FDA 승인을 받은 감미료이지만 식품 관련 학자들에게는 불량 첨가물이자 뇌종양 유발물질로 낙인찍혔다.

스테비오사이드는 남미 원주민들이 감미료로 사용하던 스테비아라는 식물에서 추출한 설탕보다 300배나 단맛이 나는 감미료이다. 아스파탐이 청량음료에 사용되는 반면에 스테비오사이드는 소주의 감미료로 많이 쓰인다. 유해성 논란은 비교적 적지만 알코올과 반응하면 스테비올이라는 유독성물질로 바뀔 수 있다. 단맛이 강해서 인공감미료로 오해받지만 아스파탐과는 달리 단맛이 가장 강한 천연 성분이다. 그렇더라도 스테비아에서 특정 성분만을 추출한 정제식품인 것은 확실하다.

자일리톨은 충치를 예방하는 기능성 껌의 재료로 그 이미지가 좋게 인식되어 있다. 자일리톨 자체가 고급 박하사탕처럼 단맛과 함께 청량감이 있다. 충치균인 뮤탄스균은 실제로 자일리톨을 싫어해서 어느 정도 충치가 예방되지만 자일리톨 자체가 체내에서 잘 흡수되지 않기도 한다. 자일리톨에는 핀란드의 자작나무 숲에서 추출한 무공해 이미지가 있다. 그러나 자작나무의 당분인 자일로스에 화학적인 수소첨가 반응을 시켜서 얻은 물질이 자일리톨이다. 자연의 산물이 아닌 화학공장에서 만들어진 공산품으로 첨가물에 분류된다.

설탕 대신 올리고당을 쓰는 사람들도 많다. 올리고당은 칼로리가 적고 장내 세균의 먹이가 되며 충치도 예방한다고 해서 웰빙당으로 각광받는다. 올리고당은 자연계에 존재하는 당류이지만 극히 미량만 존재한다. 시중에 판매되는 올리고당은 자연 물질이 아닌 공산품일 가능성이 높다. 칼로리만 많지 않을 뿐 올리고당에 비타민이나 미네랄은 존재하지 않는다. 올리고당은 아직까지 베일에 가려진 당으로 논란의 여지가 있다.

정제당이 뇌를 망가뜨린다

발달장애의 원인은 매우 복합적이다. 대가족의 붕괴로 인한 핵가족화, 맞벌이 가정의 증가, 조기 교육, 임신과 분만을 전후한 태아의 기능적인 뇌손상, 약물 등이 주요 요인으로 꼽혀 왔다. 최근에는 식품이 발달장애에 미치는 영향에 관한 연구가 매우 활발하게 진행 중이다. 가공식품과 식품첨가물의 섭취량이 늘어나면서 의심의 눈초리가 식품으로 향하고 있다. 발달장애를 일으키는 신경교란물질의 대부분이 가공식품과 식품첨가물에 있다는 사실을 사람들은 간과하고 있다. 그중에서 가장 첫 번째로 지목되는 의심의 대상이 정제당이다. 뇌는 매일같이 포도당을 에너지로 써야 하는데 정제당이 중간에서 훼방꾼 노릇을 한다.

뇌는 3대 영양소 중에서도 포도당만을 에너지로 이용한다. 뇌에 포도당이 공급되지 않으면 뇌 기능 활동 자체가 안 된다. 정제당의 유해성은 우선적으로 혈당관리시스템을 교란시킨다. 정제당을 지나치게 섭취하면 당탐닉증이 생기고 그다음엔 인슐린 저항증이 뒤따른다. 정제당을 지속적으로 섭취하면 이와 같은 혈당관리시스템이 붕괴되는 가운데 에너지원인 혈당의 공급이 차단된다.

세포의 에너지원인 혈당이 연료로 공급이 안 되면 모든 신체 조직에 에너지원이 고갈된다. 에너지 고갈 사태의 가장 큰 피해자는 뇌이다. 신체의 다른 조직이나 세포는 지방을 에너지로 이용할 수 있지만 뇌세포는 오직 포도당만을 이용한다. 뇌는 포도당 이외의 어떤 당도 에너지원으로 이용하지 못하는 특성이 있다. 뇌에 천연당이 충분히 공급되지 않으면 신경질과 짜증이 나고 불안하고 초조해지며 집중력과 학습 능력이 떨어진다. 지나친 정제당과 인공감미료의 섭취는 발달장애, 자폐증, 정신지체에 영향을 끼치며 청소년 비행 및 범죄의 원인으로도 꼽힌다. 이것이 정제당, 인공감미료가 뇌 기능과 정신 건강을 해치는 연결 고리이다.

아이들은 어느 정도 성장기까지는 모두 단맛에 중독자가 된다. 시고 쓰고 맵고 짠 음식에는 인상을 찌푸리던 아이들이 초콜릿 같은 단 음식을 주면 너무나 좋아한다. 그만큼 아이는 본능적으로 단맛을 좋아하고 집착한다. 뇌의 발육은 10세 이전의 유소아기까지 90%가 완성된다. 머리 좋은 아이, 정서적으로 안정된 아이로 키우고 싶다면 정제당과 인공감미료를 대폭 줄이고 천연당을 위주로 먹이도록 하자. 정제당은 두뇌 발달과 정신 건강을 해치는 백해무익한 식품으로 단정해도 좋다. 한때 소아과 의사들이 이유식을 하는 어머니들에게 "아기에게 소고기를 많이 먹이면 서울대에 간다"는 말을 농담 반 진담 반으로 하였다. 소고기에 함유된 철분을 충분히 먹이라는 뜻이었다. 그러나 돌전의 아기에게 소고기를 매일 먹이면 장이 약해지거나 알레르기 발병 가능성이 높아진다. 필자는 "아이에게 천연당을 먹여야 서울대에 간다"는 말을 하고 싶다. 두뇌와 정신 건강에 특히 유해한 정제당과 인공감미료를 과감히 줄이고 천연당을 가까이하면 뇌 기능과 정서가 반드시 안정된다. 아이에게 가급적 천연당을 위주로 먹이도록 하자.

07

들기름, 참기름,
올리브유가 트랜스지방산의
대안이다

지방에 대한 몇 가지 오해

이번에는 지방이 어떤 식으로 독소가 되는가를 알아보자. 지방에 관해서는 잘못 알려진 상식이 의외로 많다. 이에 관한 몇 가지 사례를 들어 보겠다. 먼저 참기름과 들기름 중에서 어떤 기름이 더 좋은 기름일까? 가격의 차이나 향미를 기준으로 하면 당연히 참기름이어야 한다. 그런데 의외로 불포화지방산인 오메가-3 지방산의 함유량은 들기름에 훨씬 많다. 들기름의 오메가-3 지방산의 함유량은 무려 63%로 모든 식용 기름을 통틀어 최고의 수치를 자랑한다. 반면에 참기름에는 아예 오메가-3 지방산인 알파-리놀렌산이 0%이다. 오늘날은 오메가-3 지방산과 오메가-6 지방산의 균형적인 비율이 깨지면서 오메가-6 지방산의 함유량이 비정상적으로 높아졌다. 오메가-6 지방산의 비율이 높아질수록 아토피가 생길 가능성은 높아진다. 실제로 오메가-3 지방산을 많이 섭취해야 알레르기를 예방할 수 있는데 그런 점에서는 들기름이 참기름보다 좋은 기름이다. 적어도 건강 측면에서는 들기름이 좋다는 결론이 난다.

돼지고기, 닭고기, 오리고기의 기름에는 포화지방산과 불포화지방산 중에서 어떤 지방이 많을까? 당연히 포화지방산이 많을 거라는 예상과는 달리 불포화지방산이 더 많다. 이들 육류에는 식물성기름에 비하여 포화지방산이 많긴 하지만 자체적으로 따지면 포화지방산보다 불포화지방산이 더 많다. 예를 들어 돼지고기의 기름에는 포화지방산 : 불포화지방산의 비율이 38 : 45이며 닭고기의 기름에는 31 : 42로 나타났다. 반면에 소고기의 기름에는 포화지방산 : 불포화지방산의 비율이 50 : 39로 포화지방산이 많다. 육류에 불포화지방산이 더 많은 것이 의외일 것이다. 게다가 육질이 더 좋을 것 같은 소고기에는 포화지방산이 더 많고 돼지고기에는 불포화지방산이 더 많은 것도 상식과는 다른 결과이다.

식물성기름에는 포화지방산이 없다고 생각하는 주부들이 있다. 참기름, 들기름, 올리브유, 포도씨유 등 모든 식물성기름에는 소량 또는 다량의 포화지방산이 함유되어 있다. 특히 야자유에는 포화지방산이 무려 92%나 되며 팜유에도 51%나 된다. 이처럼 포화지방산의 비율이 높은 탓에 야자유는 오랫동안 서양 사람들로부터 외면을 당해왔다. 그러나 최근 들어 포화지방에 대한 오해가 벗겨지면서 자연스럽게 야자유의 가치도 새롭게 조명받고 있다.

삼겹살과 같은 고기를 굽다가 태우면 벤조피린 등의 발암물질이 생성된다. 삼겹살을 굽는다고 해서 삼겹살의 불포화지방산이 트랜스지방산으로 바뀌지는 않는다. 그런데 삼겹살을 굽는 것과는 관계없이 어떤 삼겹살에서는 트랜스지방산이 발견되기도 한다. 이를 면밀히 조사해 보니 돼지에게 먹인 사료에 따라서 트랜스지방산이 형성되는 돼지들이 있었다. 여기서 문제가 된 것은 오염된 가공식품을 사료로 쓸 때였다. 돼지만이 아니라 가축을 키울 때 기업형 사육장에서 오염된 식품을 먹이면 얼마든지 트랜스지방산이 생길 가능성이 높아진다. 이런 축산물을 사람이 먹으면 역시 트랜스지방산이 인체 내로 들어오게 된다. 결국 고기를 구입할 때에는 방목 환경에서 좋은 사료를 먹인 친환경 고기를 선택하는 것이 좋다.

트랜스지방산이 탄생하게 된 배경

요주의 인물이 있듯이 지방의 종류 중에서도 반드시 주의해야 할 지방이 있다. 육아를 하는 주부라면 절대로 이 지방만큼은 대수롭게 여겨서는 안 된다. 바로 트랜스지방산이다. 지방을 연구하면서 포화지방이나 콜레스테롤은 재평가되고 있지만 트랜스지방만큼은 앞으로도 영원히 환영받지 못할 지방 계열의 최악의 독소이다. 트랜스지방산은 태생적으로도 가공업자들의 고의적인 조작에 힘입어 태어난 이단아이다.

트랜스지방산의 존재를 알려면 먼저 포화지방산과 불포화지방산의 관계를 알 필요가 있다. 포화지방산은 구조적으로 빈틈없이 꽉 차 있어서 안정적인 상태로 고체가 된다. 반면에 불포화지방산은 수소가 비어서 빈틈이 있으므로 불안정한 상태여서 액체가 된다. 불포화지방산에서 탄소의 이중 결합된 위치에 따라 오메가-3 지방산, 오메가-6 지방산, 오메가-9 지방산으로 구분이 된다. 두뇌에 좋은 지방산인 DHA와 혈관 건강에 좋은 EPA는 모두 오메가-3 계열의 지방산이다. 포화지방산은 튼튼한데 비하여 오메가-3 지방산과 같은 불포화지방산은 매우 취약한 상태로 존재한다. 자연계의 모든 지방은 100% 포화지방산으로만 구성된다든가 또는 불포화지방산으로만 구성되는 경우는 없다. 항상 포화지방산과 불포화지방산이 혼합된 형태로 존재한다. 둘 중에서 어느 지방산이 많은가에 따라 고체 지방인지 액체 지방인지가 결정된다.

예를 들면 올리브유는 포화지방산이 16%이고 불포화지방산이 84%이다. 반면에 야자유는 포화지방산이 92%이고 불포화지방산은 8%에 불과하다. 여기서 문제는 불포화지방산이 구조적으로나 화학적으로 매우 불안정하다는 점이다. 불포화지방산의 성분은 시간이 조금 지나면 쉽게 변질되어 냄새가 나고 화학적인 변화에도 아주 취약하다. 불포화지방산의 함유량이 높은 기름을 사용해 보면 액체 기름이어서 다루기가 불편하고 원가도 많이 든다. 결정적으로 촉감이 부드럽지 못하고 고소한 맛도 떨어지는 단점이 있다. 이런 단점들이 식품업자들에게는 큰 골칫거리여서 불포화지방산을 안정적인 포화지방산으로 바꾸려는 시도를 하게 되었다. 그런 배경에서 탄생한 기름이 바로 트랜스지방산이다.

트랜스지방산은 불포화지방산의 수소가 빈자리에 인공적으로 '수소 첨가 반응'을 하여 포화지방산처럼 안정화를 시도한 것이다. 이때 안정화 시키는 과정이 단순하지 않아서 200도가 넘는 고온의 조건에서 가열 처리한다. 보통 니켈과 같은 금속성물질을 촉매로 기름 용광로 속에서 수소 가스를 강제로 넣게 된다. 그렇게 수 시간 동안의 과정을 거치고 나면 고체 상태의 기름으로 바뀐다. 문제는 '수소 첨가 반응'을 거치며 전혀 의도하지 않게 수소의 위치가 바뀌면서trans 포화지방산과는 별개의 돌연변이 지방산이 되어버린다. 이 과정에서 탄소와 결합한 수소의 위치가 바뀌었다고 해서 트랜스지방이라고 명명한 것이다.

식품업자들의 황금알

트랜스지방은 식품업자들이 싫어하는 불포화지방산의 여러 문제점들을 단번에 해결해주었다. 마가린이나 쇼트닝 같은 인공경화유에서 알 수 있듯이 실온에서 아무리 방치해도 변질이 안 되면서도 아주 부드럽고 고소한 맛을 낸다. 비싼 버터 없이도 값싼 마가린이면 다 해결되었다. 게다가 만드는 비용도 저렴해서 식품업자들에게는 그야말로 마법의 기름이었다. 트랜스지방 성분이 들어간 식품은 햄버거, 피자, 치킨, 감자튀김, 스낵, 팝콘, 도넛, 라면, 초콜릿, 커피크림, 자장면, 탕수육 등 그야말로 거의 모든 정크푸드를 망라한다.

경화유만이 아니라 정제유에도 트랜스지방산은 모두 들어 있다. 정제유란 기름을 압착 방식이 아닌 헥산이라는 석유 부산물을 유기 용매로 해서 얻어낸 기름이다. 압착식으로 하면 기름 추출률이 5~10%밖에 안 되므로 생산 단가를 줄이기 위해 99%의 지방을 추출할 수 있는 유기용매법을 쓰는 것이다. 유기용매법의 문제점은 정제 과정에서 비타민, 미네랄, 효소, 식이섬유 등의 유익한 성분들이 완전히 제거되면서 오직 기름만 남게 된다는 것이다. 정제유를 만드는 과정에서 자연 방부제의 성분까지 제거되므로 산패를 막기 위해 인공방부제를 첨가한다. 식용유를 정제 추출하면서 역시 열을 가하는 수소 첨가 반응까지 거친다. 이 과정에서 0.3~3% 정도의 트랜스지방이 생성된다. 경화유와 정제유는 트랜스지방산과 떼려야 뗄 수 없는 관계이다. 당연히 트랜스지방산에 오메가-3 지방산과 같은 유익한 불포화지방산은 전무하다.

트랜스지방산은 최악의 독소이다

식품업자들에게 트랜스지방산은 황금알을 낳는 효자이지만 소비자에게는 최악의 독소이다. 기름을 열로 혹독하게 다루면 필수지방산, 비타민, 미네랄, 항산화제 등의 유용물질은 사라지면서 무수한 유해물질이 생성된다. 현대의학이 밝혀낸 유해 성분은 트랜스지방산, 활성산소, 과산화물, 알데히드, 케톤, 에폭사이드, 아크릴아마이드, 벤조피렌 정도이다.

기름의 고온 처리는 인체에 유해한 변화를 폭발적으로 촉진하는 기폭제이다. 트랜스지방은 체내에 들어와서 한번 자리를 잡으면 여간해서 체외로 배출이 되지 않으므로 일명 '플라스틱 지방'으로 불린다. 트랜스지방산이 점점 문제가 되자 최근에는 성분 표시에 트랜스지방산 0g이라는 표기가 붙었다. 가공식품 1회 섭취량당 트랜스지방산 함량이 0.5g 미만이면 0g으로 표시할 수 있도록 허용한 것이다. 그러나 트랜스지방산 전문가들은 FDA가 식품법상 허용한 트랜스지방산 0g 표시에 매우 냉소적이다. 여기에는 수많은 함정이 도사리고 있어서 현재로서는 이 표기 자체를 신뢰하지 않는 게 낫다.

트랜스지방산을 예방하기 위해서는 트랜스지방산이 많이 함유된 식품을 피하거나 줄이는 게 최우선이다. 어린아이들이 좋아하는 정크푸드에는 트랜스지방산이 함유된 식품이 너무나 많다. 하지만 정크푸드만이 트랜스지방산의 전부는 아니다. 가정에서도 더욱 적극적으로 트랜스지방산이 함유된 식품을 추방해야 한다. 트랜스지방산과 관련하여 주부들이 가장 신중해야 할 부분은 바로 식용유이다. 모든 정제유에는 가열 상태에서의 발연점을 따지기 이전에 생산 과정에서 이미 식용유 내에 트랜스지방산이 생성되어 있다. 일반 가정에서 트랜스지방산이 함유되지 않은 가장 안전한 식용유는 압착해서 기름을 짜낸 들기름, 참기름, 엑스트라 버진 올리브유이다. 볶음이나 튀김 등의 음식에 식용유를 사용하려면 가급적 이 3가지의 식용유가 가장 안전하다. 그렇더라도 튀긴 음식은 가열 온도가 200도 이상을 초과하면 어느 시점에서 트랜스지방산이 생성되므로 튀긴 음식 자체를 줄이는 것이 트랜스지방산을 예방하는 현명한 방법이다.

한편 인공산물인 트랜스지방산을 없애는 데에는 천연의 항산화 성분이 중요한 역할을 한다. 여기서 천연의 항산화 성분이란 야채와 과일, 자연의 식물에 함유된 비타민, 미네랄, 효소, 식이섬유로 이들이 천연의 항산화제이다. 장내 유익균들과 발효식품도 독소인 트랜스지방산을 해독하는 데에 매우 유익하다. 트랜스지방산이 혈액 내, 세포막과 세포 내의 DNA, 간이나 심장과 같은 장기 등 곳곳에서 독소로 작용해서 몸을 과산화 또는 산성화시킬 때 이들의 항산화 작용은 빛을 발한다. 아이는 어려서부터 항산화 기능이 뛰어나게끔 키워야 한다. 트랜스지방산은 지방과 관련한 치명적인 독소인데 이런 독소들은 다른 성분과 관련해서도 무수히 존재한다. 독소에 대항할 때 자연에 존재하는 천연의 먹거리는 어린 아이들의 가장 든든한 우군이 된다.

고기와 함께
채소, 버섯을 잘 먹는
아이가 독이 없다

단백질 섭취의 중요성

    탄수화물이나 지방에 비하여 단백질에는 좋은 영양소의 이미지가 있다. 탄수화물은 과다 섭취하면 당뇨나 비만이 되고 지방도 잘못 섭취하면 고지혈증, 비만, 심혈관 질환이 된다는 건 널리 알려져 있다. 반면에 단백질을 많이 섭취하면 근육도 좋아지고 힘도 세질 거라고 여긴다. 우리나라는 전통적으로 육식보다는 쌀을 위주로 하던 음식 문화였다. 그러다 보니 고기가 귀하던 시절에는 모처럼 삼겹살을 사오면 온 가족이 배부르게 먹곤 하였다. 지금은 시대가 바뀌어 단백질식품이 넘쳐난다. 고기, 계란, 우유, 생선으로 대표되는 동물성 단백질이 항상 식탁에 올라온다. 단맛 나는 음식과는 별개로 고기는 지방과 단백질이 풍부하여 씹고 뜯는 맛이 식감을 더욱 자극한다.

단백질은 그 이름에 묘미가 있다. 단백질을 처음 발견한 이는 19세기 중엽의 네덜란드 화학자인 게라두스 뮐더이다. 그는 발견 당시 '생체 구성 성분 중에서 가장 중요한 물질이자 이 물질이 없으면 지구상에 생명이 존재할 수 없을 것'이라는 의미에서 Protein이라고 명명하였다. Protein은 '첫 번째로 중요한', '제1의 것'이라는 의미의 희랍어인 Proteios에서 유래된 단어이다. 그 후에 단백질은 독일에서 '알의 흰자'라는 의미로 알려졌으며 일본에서는 이를 그대로 번역하여 단백질蛋白質이라고 명명하였다. 단백질은 우리 몸의 수많은 영양물질 중에서도 가장 폼나는 이름인 듯하다.

단백질은 생명체를 구성하는 필수 성분이자 중요 에너지원이다. 골격, 근육, 혈관, 헤모글로빈, 장기, 피부, 머리카락, 손발톱, 각막 등 거의 모든 신체 조직을 만드는 데 쓰이는 중요한 성분이 바로 단백질이다. 우리 몸을 구성하는 단백질의 1/3은 근육을 만드는데 쓰이고 1/5은 뼈와 연골 조직, 1/10은 피부 조직을 만든다. 단백질은 생체 반응의 촉매제 역할을 하는 효소, 외부 물질로부터 방어 기능을 하는 면역글로불린, 그리고 호르몬의 원료이기도 하다. 혈액의 주성분이 되며 산소를 운반하는 헤모글로빈의 95%가 단백질로 되어 있다. 그 외에도 체내의 대사 과정을 조절하고 산염기 평형 유지에도 관여할 만큼 단백질은 매우 광범위한 기능을 수행하고 있다.

우리 몸의 구성 성분 중에서 단백질은 약 16%를 차지한다. 그리고 하루에 필요한 에너지의 11~14%를 단백질로 섭취한다. 단백질은 계속해서 분해와 합성을 반복하고 6개월마다 수명을 다한 단백질은 파괴되면서 새로운 단백질로 교체된다. 이처럼 단백질은 지속적으로 충분히 공급해야만 한다. 단백질을 구성하는 물질인 아미노산은 20여 종이며 그중에서 필수 아미노산은 9종이다. 필수 아미노산이란 체내에서 합성이 불가능하여 반드시 식품을 통해 섭취를 해야 하는 아미노산 종류를 말한다.

단백질의 부족은 그대로 신체의 부실 공사로 이어진다. 단백질이 결핍되면 뼈와 근육이 제대로 형성되지 않는다. 운동을 조금만 해도 근육이 쉽게 피로해지면서 뛰지를 못한다. 피부에 단백질 콜라겐이 부족하면 탄력이 없어지고 주름이 생긴다. 또한 효소 생성이 충분치 않아 대사 기능이 떨어지고 소화력도 약해지며 면역세포의 생성도 부진해져서 면역력이 약화된다.

독이 되는 단백질

자녀를 키우는 부모라면 고기, 생선, 우유와 같은 단백질식품을 부지런히 챙겨서 먹인다. 그러나 정작 단백질과 관련한 근본 문제는 따로 있다. 오늘날은 3대 영양소의 과잉 섭취가 독소를 만드는 시대이다. 단백질의 과잉 섭취와 질 나쁜 단백질의 섭취야말로 훨씬 더 심각한 문제를 야기한다.

고기를 먹으면 힘이 난다고 하는데 그 이유는 무엇일까? 원래 에너지는 혈당을 분해해서 생기는데 고기를 먹고 힘이 난다는 것은 글루카곤이라는 호르몬 때문이다. 글루카곤은 췌장의 알파 세포에서 분비되는 호르몬이다. 인슐린은 혈당이 올라가면 내려주는 기능을 하는 반면에 글루카곤은 저혈당이 생기면 혈당을 올려주는 작용을 한다. 인슐린과 글루카곤이 서로 길항 작용을 한다. 육식을 과다 섭취하면 특이하게도 글루카곤이 이를 비상 상황으로 인식하게 된다. 그래서 간에 임시 저장해 둔 글리코겐을 분해해서 혈당이 올라가게 된다. 이 혈당의 일부를 에너지로 쓰는 과정에서 힘이 나는 느낌이 든다. 육식을 과다 섭취했을 때 글루카곤이 이처럼 작동하는 기전은 알려지지 않았다. 문제는 이런 메커니즘이 반복되면 췌장 기능이 점점 약화된다는 것이다. 한의학에서 고열량, 고단백, 고지방 위주의 산해진미를 과다 섭취하면 췌장이 상한다고 했는데 이를 두고 하는 말이다.

단백질 과다 섭취의 문제는 뭐니 뭐니 해도 장과 신장 기능을 약화시키는 것이다. 고기를 지나치게 먹으면 장내 유해균의 먹이원이 되어 장내 환경이 점차적으로 나빠진다. 또 소화 흡수하는 과정에서 질소잔존물인 암모니아, 아민, 인돌, 스카톨과 같은 독소를 많이 생성하고 섬유질 부족으로 배변이 원활치 않아서 노폐물과 독소가 그대로 쌓인다. 이 과정에서 간으로 흡수된 독소를 완전히 해독하지 못하면 간이 피로 상태에 빠지게 된다. 또 간에서 해독이 안 된 질소잔존물이 혈액을 타고 신장까지 그대로 가면 드물게 신장 기능에 이상이 생기고 심하면 신부전증이 되기도 한다.

고기, 우유, 계란, 곡류, 콩, 패스트푸드 등은 대표적인 산성식품들이다. 이 중에서 곡류와 콩은 산성식품이면서 우리 몸에 섭취가 되면 유해 물질을 생성하지 않고 영양 및 항산화 기능을 한다. 반면 육류, 유제품, 패스트푸드 등은 장에서 소화 흡수되는 과정에서 인, 황, 염소 등의 산성 미네랄을 생성하게 된다. 이때 우리 몸은 혈액의 산성화를 방지하기 위해 뼈나 혈액에 있는 칼슘과 같은 알칼리 미네랄을 동원하여 중화 작용을 하게 된다. 고기와 같은 산성식품을 과다 섭취하면 결국 체내에서 칼슘과 같은 알칼리 미네랄이 점점 소모된다. 소고기나 우유는 칼슘 성분도 많지만 인 성분도 많아서 칼슘식품으로서의 가치가 거의 없다.

단백질의 과다 섭취나 질 나쁜 단백질의 섭취는 알레르기의 유발 요인이 된다. 단백질 과다 섭취의 부작용을 얘기했지만 사실 아이들에게 단백질식품이 미치는 직접적인 악영향은 단연 아토피로 나타난다. 동물성 단백질의 과다 섭취는 그 자체가 위벽이나 장벽을 약화시키고 장내에 유해 환경을 조장하며 체내에 질소잔존물을 증가시킨다. 더구나 저품질의 동물성 단백질이라면 말할 나위가 없다. 결국 이런 유해물질이 허술한 장벽 틈새로 들어가 알레르기를 유발하게 된다. 질 나쁜 동물성 단백질을 어디서부터 규정하느냐가 문제이긴 하지만 분유, 조제 이유식, 가공 우유, 항생제와 성장촉진제를 맞은 육축, 환경오염물질에 노출되기 쉬운 어패류, 각종 육가공식품 등을 감안하면 아이의 건강을 위하여 단백질식품을 하나씩 꼼꼼하게 골라야 하는 시대이다.

올바른 단백질 섭취법

단백질 섭취에 있어서 질 좋은 식재료의 구입은 기본적으로 중요하다. 고기를 구입할 때에는 생산자 표시가 명확한 친환경 국산 제품이라야 비교적 안전하다. 좋은 사료를 먹인 가축이라야 고기에 양질의 단백질, 포화지방, 불포화지방이 함유되어 있다. 요즘 마블링이 잘된 한우가 인기인데 이는 식품업자들의 부도덕한 상술에 지나지 않는다. 어패류는 냉동이나 염장 상태보다는 신선한 상태로 구입을 해야 안전성이 높다.

재료 다음으로 단백질의 섭취량이 중요하다. 단백질 과잉은 체내에서 독소의 생산과 매우 밀접하다. 하루에 섭취되는 동물성 단백질의 양은 음식의 총량에서 평균 10% 정도가 무난하다. 동물성 단백질은 고기와 어패류, 그리고 유제품을 모두 포함한 것이다. 만약 아토피나 알레르기, 흡수장애가 있으면 동물성 단백질의 비율을 더욱 낮추면서 식물성 단백질의 양을 늘리는 게 바람직하다.

단백질 섭취를 지혜롭게 하는 방법이 있다. 천연 비타민, 미네랄, 효소, 유기산, 항산화 성분들과 영양의 고리를 연결하는 것이다. 고기나 생선은 그냥 먹는 것보다 야채나 과일을 곁들여서 먹으면 좋은 명확한 이유가 있다. 우리 몸은 특정 성분이 단독으로 들어오는 것보다 유익한 성분들이 함께 복합체로 들어오는 것이 훨씬 건강에도 유익하다.

단백질식품을 섭취할 때에는 필수적으로 식이섬유를 곁들여야 한다. 단백질식품은 장내에서 질소잔존물과 같은 노폐물이 많이 생성되므로 식이섬유가 함께 들어가야 노폐물을 잘 배설시킨다. 현대인은 유당분해 효소인 락타아제가 결핍되어 있을 뿐만 아니라 식이섬유를 분해하는 효소인 셀룰라아제도 결핍되어 있다. 자연 그대로의 식물성식품을 섭취하지 않고 인류가 화식 위주의 식생활을 하면서 점차적으로 셀룰라아제가 없어져버린 결과이다. 식이섬유는 대장에서 유익균의 먹잇감도 되고 노폐물을 내보내는 청소부 역할까지 한다. 고기를 쌈 채소에 싸서 먹을 때 보통 상추를 많이 이용한다. 하지만 오늘날의 상추에는 영양 성분과 식이섬유가 매우 부족해졌다. 고기를 상추에 싸서 먹었는데도 배변이 시원치 않은 건 이런 이유 때문이다. 고기를 먹을 때 여러 가지의 녹황색 채소와 버섯을 같이 먹으면 다음날 배변할 때 도움이 된다.

09

항생제 처방에 신중한
단골의사를 만나자

항생제의 어두운 그림자

우리 아이들은 아플 때 병원에 가면 항생제 처방을 자주 받는다. 항생제는 이제 아이들의 질병과 떼려야 뗄 수 없는 처방의 기본 공식처럼 되었다. 어머니들조차 항생제 없는 처방은 왠지 신뢰하지 못하는 분위기이다. 2006년부터 의약분업이 시행된 이후 처방전이 공개되면서 의료기관들의 항생제 사용률은 이전보다 현격히 줄어들었다. 그럼에도 여전히 우리나라는 OECD 국가들 중에서 항생제 사용률이 매우 높은 수준에 머물고 있다.

항생제가 실용화된 1940년대 이후로 오래 시간이 흐른 것 같지만 불과 70여 년밖에 경과하지 않았다. 100년이 채 지나지 않은 시점에서 이미 항생제의 부작용과 내성의 문제가 본격적으로 거론되고 있다. 먼저 세균은 무조건 박멸의 대상이 아니라는 점이 항생제의 사용과 정면으로 부딪친다. 어린아이의 몸에는 60조 개의 세포 수보다 2배 가까이 많은 세균이 서식하고 있다. 이 세균들 중 다수는 우리 몸과 공생 또는 상생의 관계를 맺고 있다. 이 세균들은 단순하게 기생하면서 있어도 그만, 없어도 그만인 존재가 아닌 결코 없어서는 안 될 생명 현상의 중요한 축을 담당하고 있다.

이들 세균 중에는 유해균도 섞여 있지만 건강한 사람이라면 80~90%가 유익균의 형태로 존재한다. 그러다가 건강이 악화될수록 유해균의 세력이 우세해진다. 아무튼 유산균으로 대표되는 장내 유익균은 박멸의 대상이 아니다. 혹시라도 유익균들이 제거되면 그만큼 인체에도 크고 작은 타격을 입게 된다. 그런데 항생제의 대표적인 부작용이 바로 장내 유익균을 없애버리는 것이다. 항생제는 말 그대로 세균을 죽이는 역할을 수행할 뿐 좋은 균과 나쁜 균을 구분하여 작용하지 않는다. 원인균의 세포벽을 공격할 뿐만 아니라 위장관으로 흡수되면서 장내 유익균까지도 공격을 해버린다. 이는 마치 민가에 숨어든 게릴라군을 소탕하겠다고 마을 한가운데에 미사일 공격을 감행하는 것과 같다. 이 부분은 그동안 계속해서 간과되어 왔다. 아이가 고열, 인후염, 중이염, 폐렴, 장염, 수족구병 등에 걸렸을 때 항생제 처방은 선택이 아닌 필수에 가깝다. 항생제는 질병의 원인균을 소멸시키지만 이와 함께 장내 세균마저도 현저히 감소시킨다. 항생제를 복용하면서 설사 또는 변비, 복통, 가스, 위장장애가 생길 때가 허다한데 바로 이러한 이유 때문이다.

다음으로 항생제 사용은 무조건 세균을 멀리해야 한다는 위생 또는 청결의 관념을 지나치게 조장하였다. 질병의 원인이 되는 원인균을 멀리하라는 의미가 모든 세균을 멀리하라는 뜻으로 와전되어버린 것이다. 세정제, 살균제, 소독제, 표백제 등을 가까이하면서 반면에 공원이나 숲에서의 산책 또는 운동을 꺼려하는 사람들이 이런 유형의 청결주의자이다. 청결은 좋은 것이지만 강박적인 관념으로는 결코 바람직하지 않다.

항생제에 대한 질병의 역습

지난 반세기 동안 항생제의 사용과 위생 관념의 발달로 감염 질환은 꾸준히 감소한 반면 면역 이상과 관련한 예기치 못한 상황들이 속출하고 있다. 이는 질병 변화의 추이에서도 확연하게 드러난다. 1950년대 이후 홍역, 풍진, 볼거리, 디프테리아, 파상풍, A형 간염 등의 감염 질환은 현저하게 감소되었다. 반면에 아토피, 천식, 크론병, 다발성경화증, 제1형 당뇨병과 같은 면역질환은 날이 갈수록 증가 추세에 있다. 이들 감염 질환과 면역질환은 뚜렷하게 역비례 관계를 보이고 있다. 이는 1940년대 이후로 광범위하게 사용된 항생제와 면역질환의 증가가 무관하지 않다는 사실을 보여준다.

항생제 사용과 알레르기 사이에도 역학적으로 의미 있는 상관성이 있다. 대규모 연구 조사에 의하면 생후 1년 이내의 영아에게 항생제를 사용하면 천식에 걸릴 가능성이 50% 증가된다고 밝혀졌다. 유아기에 항생제를 많이 복용하면 자라면서 염증성 장 질환에 걸릴 가능성도 높아진다. ADHD 및 자폐 아동들은 정상 아동들에 비하여 유아기에 10회 이상의 중이염을 앓은 경험이 3배나 높은 것으로 밝혀졌다. 항생제로 중이염을 치료하는 과정에서 중이염의 원인균만이 아니라 소화관 내의 건강한 균들까지 죽게 된다. 소화관에는 뇌신경계와 동일한 장신경계가 있어서 뇌에 필요한 세로토닌의 80%를 분비한다. 항생제로 인하여 장내 세균이 줄어들면 장에서 영양소 대신 독소를 흡수하면서 이 독소가 세로토닌, 도파민과 같은 신경전달물질의 생산을 방해한다. 이런 일련의 과정에 의해 ADHD나 자폐증이 생기는 것으로 추정되고 있다.

일반적으로 항생제 복용을 중지하면 장내 세균이 신속히 회복될 것이라고 알려져 있었다. 이와 달리 최근의 연구들은 항생제 복용 이후 장내 세균이 상당 기간 회복되지 못하는 것으로 나타났다. 심지어는 단 한 차례의 항생제 투여에도 2년간 특정 유익균이 빈약한 사례도 있었다. 같은 항생제를 두 번째 투여했을 때 몇몇 장내 세균이 자취를 감추기도 하였다. 항생제를 지속적으로 복용하면 피해는 더욱 커진다. 항생제의 남용이 인류에게 미칠 가장 두려운 요소는 내성균의 출현이다. 이미 인간이 보유한 최후의 보루인 '카바페넴'이라는 항생제마저 내성을 가진 슈퍼박테리아가 우리나라에서도 확인이 되었다.

99% 정복된 것으로 보았던 결핵균이 비웃듯이 다시금 인류를 위협하고 있다. 새로운 결핵균은 웬만한 항생제로도 듣지 않는 다제내성균 혹은 슈퍼박테리아라고 불리는 종류이다. 2000년대 들어서는 결핵 치료에 사용되는 거의 모든 약물에 내성을 가진 균들이 발견되어 광범위내성결핵균으로 추가되었고 어떤 약물에도 듣지 않는 더블엑스 등급의 강력한 내성결핵균까지 등장하였다. 내성균은 인간이 치료를 목적으로 개발한 약물 때문에 나타난 모순된 존재이다. 결국 박테리아가 새로운 항생제에 내성을 갖는 속도는 점점 빨라지는 반면에 새로운 항생제를 개발하는 시간은 점점 더뎌지는 상황이 오고 있는 것이다.

항생제를 복용하지 않고서도 간접적으로 피해를 입는 환경이 허다하다. 미국의 제약회사에서 생산하는 항생제의 70%는 가축용으로 쓰이고 있다. 항생제를 가축에게 사용하는 이유는 질병 예방과 함께 성장 및 체중 증가의 효과가 있기 때문이다. 가축에게 사용된 항생제는 고스란히 고기, 우유, 계란을 통하여 우리 몸으로 흡수가 된다. 또 가축의 분뇨를 퇴비에 활용하면서 토양을 통하여 채소와 곡물에 항생제가 그대로 흡수된다. 그나마 흡수되지 않은 항생제는 빗물에 씻겨 하천으로 유입되고 그 식수를 마시게 된다. 항생제의 내성균은 야생 갈매기와 상어 등에서도 발견되고 있다. 항생제의 효과는 신속하고 빠르다. 항생제를 복용하면 열이 쉽게 떨어지고 염증이 제거되며 통증이 소실되는 것이 육안으로 금방 확인된다. 하지만 항생제가 미치는 내성이나 부작용은 눈에 띄지 않기 때문에 전혀 인지를 못 할 수가 있다. 그렇다고 항생제를 언제 어떻게 사용해야 할지 공식적인 가이드라인이 있는 것도 아니다.

종합하면 어린아이에게 음식과 약물이 얼마나 독이 될 수 있는지를 직시해야만 한다. 항생제를 결코 약방의 감초처럼 생각해선 안 된다. 현실적으로 항생제를 안 쓸 수 없다면 항생제 처방에 관하여 매우 신뢰할 만한 단골의사를 찾아야 한다. 항생제만큼은 반드시 필요할 때 처방하는 의사가 유능한 의사이다. 질병을 빨리 낫게 하는 의사가 유능한 의사가 아니라 어린아이의 생명을 아끼고 존중하는 의사가 유능한 의사이다. 그런 의사를 만나기를 바란다. 부모 역시 아이의 증상이 빨리 낫는 것에만 급급해하는 부모라면 한편으로 깊이 반성해야 한다. 내 아이를 살리려는 마음이 지극한 부모인지 마음만 급한 부모인지 안타까울 때가 너무나 많다. 병원을 이리 저리 전전하고 빨리 낫는 약만을 찾는 부모가 되지 않았으면 하는 마음이다. 그런 부모일수록 결국은 항생제나 스테로이드제를 가까이할 수밖에 없기 때문이다. 항생제의 남용은 고스란히 아이의 건강을 위협하는 부메랑이 된다.

모유가 기가 막혀

모유도 안전지대가 아니다

모유에는 분유가 모방할 수 없는 신비함이 있다. 어머니는 세상에 나온 아기에게 초유初乳라는 위대한 선물을 준다. 초유에는 아기가 세상의 전쟁터에서 맞서 싸울 강력한 면역물질이 들어 있다. 출생 후 6개월간 신생아가 감기에 걸리지 않는 건 순전히 초유에 함유된 IgG와 같은 면역물질 덕분이다. 초유는 성숙유에 비하여 지방과 당의 함유량이 적은 대신에 비타민 A, E, K, B12와 미네랄이 풍부하다. 이는 갓 태어난 아기의 소화기관에 부담을 주지 않으면서 소화를 돕기 위함이다.

초유 단계가 지나서 성숙유가 되면 면역글로불린은 줄어들지만 아기에게 필요한 모든 영양소를 갖춘다. 성숙유에서 전유前乳와 후유後乳의 차이도 오묘하다. 젖을 물렸을 때 먼저 나오는 전유는 묽고 회색빛이어서 물젖이라고도 한다. 전유를 수유하면서 유방이 비워지면 사골국처럼 진한 후유가 나온다. 전유에는 유당, 단백질, 비타민, 미네랄이 많은 대신에 후유에는 지방 함량이 많고 칼로리도 높다. 이는 전유를 묽게 하여 소화를 용이하게 한 후에 칼로리가 많은 진한 후유를 먹도록 설계된 것이다.

이처럼 모유는 오직 아기만을 위하여 출산 전부터 준비된 완전식품이다. 그러면 모유는 얼마나 안전할까. 아토피의 발병률을 연령별로 조사한 자료에 의하면 1세 이전의 연령대에서는 60%, 1~5세의 연령대에서는 30%가 발병되는 것으로 나타났다. 이 자료를 근거로 볼 때 수유를 하는 1세 이전의 연령대에서 아토피가 집중적으로 발

병하고 있다. 더구나 이제는 모유 수유를 하는 아기들 중에도 아토피가 드물지 않다. 이는 모유가 더 이상 알레르기로부터 안전지대가 아님을 증명해준다. 모유가 아기에게 완전식품임에도 모유 수유아에게서 아토피가 발병하는 이유는 무엇일까. 물론 아토피를 유발하는 외부적인 요인들이 더 있겠지만 모유 수유를 하는 어머니로부터의 발병 요인이 생겼음을 부인할 수 없다. 미국의 영양학자인 카롤 사이먼태치는 모유를 먹이는 어머니가 트랜스지방산을 섭취하게 되면 모유의 질이 나빠지며 유아의 뇌 발육이 크게 손상된다고 하였다. 트랜스지방산이 함유된 식품을 지속적으로 먹는 경우 지적 능력이 감퇴된다는 연구는 무수히 많다. 식생활이 좋지 않은 어머니의 모유를 먹고 자란 아기의 지능장애를 예상하기란 어려운 일이 아니다.

과영양과 저영양의 약해진 고리

한때 모유에 다이옥신 등의 환경호르몬이 검출되었다고 해서 많은 사람들이 혼란을 겪은 적이 있었다. 모유의 다이옥신 파동은 그 후로 잠잠해졌지만 환경호르몬이나 중금속으로부터 무조건적으로 안전한 사람은 없다. 그만큼 생태계 환경이 파괴되고 먹거리가 오염된 시대에 살고 있다는 걸 자각할 필요성이 있다. 육아를 하는 어머니들은 아기를 안전하게 보호하기 위하여 어머니 스스로가 건강해야만 한다. 아기를 위하여 준비되는 모유의 성분은 너무나 신비롭다. 반대로 어머니가 건강하지 못하면 모유의 성분조차 유해 성분에 의하여 병들 수밖에 없다. 오늘날 우리가 먹고 있는 먹거리의 문제점은 크게 식품의 재료와 영양섭취 불균형의 2가지에 있다. 여기에서 식품의 재료를 열거하기에는 너무나 방대하다. 그러나 농산물과 가축, 수산물 할 것 없이 모든 식재료가 항생제와 성장촉진제, 약물로부터 자유롭지 못한 환경이 되었다.

모유 수유를 하는 어머니가 안전한 식재료를 선택하는 건 필수 사항이다. 어쩌면 더 심각한 문제는 영양의 불균형이다. 이를 식품 전문가인 안병수 씨는 '과영양과 저영양의 약해진 고리'로 표현한다. 과거에 못 먹고 못 살던 시대와는 달리 현대는 먹거리가 넘쳐나는 시대이다. 그럼에도 영양을 균형 있게 섭취하지 않음으로써 오히려 풍요 속의 빈곤 현상이 생긴 것이다. 모유 수유를 하는 어머니들도 여기서 예외일 수는 없다.

과영양의 문제점

모유의 질을 떨어뜨리는 '과영양과 저영양의 약해진 고리'를 구체적으로 살펴보자. 과영양의 첫 번째는 탄수화물이다. 탄수화물을 과잉 섭취하면 혈당을 높이고 여분의 당분은 지방으로 축적되어 좋지 않다고 알려져 있다. 그래서 탄수화물을 지나치게만 먹지 않으면 괜찮다고들 생각한다. 하지만 이것은 탄수화물에 관한 잘못된 상식이다. 탄수화물은 많고 적음을 따지기 이전에 좋은 당과 나쁜 당을 구분할 수 있어야 한다. 좋은 당이란 자연의 식물에 존재하는 천연당이며 나쁜 당이란 정제당을 의미한다. 우리가 먹고 있는 식품 중에서 정제당은 무수히 많다. 백설탕, 황설탕, 흑설탕, 물엿, 시럽, 정제포도당, 정제과당 등이 모두 정제당의 종류이다. 거기에다 설탕보다 200~300배나 단맛이 강한 아스파탐, 스테비오사이드 같은 인공감미료도 문제가 된다. 수유를 하는 어머니라면 유기농 원당, 천연꿀, 쌀조청, 메이플시럽 등의 천연 감미료를 사용하기를 권장한다.

과영양의 두 번째는 지방이다. 지방의 종류에는 중성지방, 콜레스테롤, 포화지방산, 불포화지방산, 트랜스지방산 등이 있다. 불포화지방산은 좋고 포화지방산은 유해하다고 하지만 둘 다 균형 있게 필요하다. 포화지방이 과다하게 쌓이면 고지혈증과 고콜레스테롤이 생긴다. 지방에 관한 연구가 거듭되면서 오늘날 가장 문제시되는 지방은 트랜스지방산이다. 트랜스지방산은 의외로 포화지방산과는 아무런 관계가 없고 오히려 불포화지방산을 포화지방산으로 만드는 과정에서 생성된다. 트랜스지방은 튀긴 음식과 마가린, 쇼트닝 등에 많다. 그러나 정제해서 만든 모든 식용유에 트랜스지방산이 많다는 건 의외로 모르고 있다. 트랜스지방을 섭취하지 않으려면 가정에서는 정제유부터 쓰지 말아야 한다. 식용유의 품질을 얘기할 때 발연점이 높아야 좋다고들 한다. 그러나 어떤 종류의 식용유이든 정제유라면 250도의 고온 처리 과정을 거쳤기에 이미 트랜스지방이 많이 함유되어 있다. 이런 점을 고려할 때 튀김 요리는 가급적 줄이는 것이 현명하다. 간단한 튀김 요리는 압착 올리브유를 사용하되 튀김을 오래 해야 한다면 유기농 제품의 현미유나 포도씨유를 사용하기 바란다.

과영양의 세 번째는 단백질이다. 동물성 단백질은 산성식품이면서 섭취 후에 장에서 유해 성분인 인돌, 스카톨, 암모니아 등의 질소잔류물을 생성한다. 동물성 단백질의 섭취량은 일일 음식 섭취량 중에서 10% 내외로 하는 것이 좋다. 반면에 콩은 산성식품이면서도 혈관을 정화하고 항산화 기능이 뛰어난 식품이다. 단백질식품은 외식을 할 때 주의해야 한다. 일부 음식점에서는 고기 재료 대신에 단백질가수분해제와 첨가물을 사용해서 육수 맛을 내는 경우가 있다. 단백질가수분해제는 염산으로 값싼 뼈의 단백질을 우려내는 것으로 달리 말하면 염산 처리법이다. 염산 처리를 하면 끓이지 않아도 단시간에 많은 양을 손쉽게 추출할 수 있고 거기에 첨가물을 추가하면 맛내기도 쉽다. 염산 처리를 했다고 하면 소비자들이 불신하므로 단백질가수분해라는 그럴듯한 용어를 사용하고 있다. 이런 음식들은 알레르기를 유발할 가능성이 매우 높으므로 수유를 할 때에는 가급적 피해야 한다.

저영양의 문제점

과영양과 달리 저영양은 충분한 양을 섭취해야 함에도 오히려 부족하거나 결핍된 영양을 말한다. 저영양의 첫 번째는 비타민이다. 최근 10년 사이에 우리나라는 비타민 열풍이라고 해도 과언이 아닐 정도로 비타민제를 많이 복용하고 있다. 비타민 음료도 음료 시장에서는 그 입지가 엄청나게 커졌다. 비타민제는 제약산업의 빗나간 상술이 빚은 비극이라고 해야 맞을 것 같다. 비타민은 야채나 과일처럼 천연 상태 그대로 섭취하는 것이 좋다. 또 김치나 청국장처럼 발효식품에도 천연 비타민이 풍부하므로 발효식품을 많이 섭취해야 한다.

저영양의 두 번째는 미네랄이다. 미네랄의 대표 식품은 소금인데 식품업계에서 소금만큼 제조 성분의 공개가 불투명한 분야도 드물다. 그만큼 소비자들은 소금을 구입할 때 정확한 정보 없이 구매를 해야 한다. 한때 천일염이 정제염을 판매하는 업체들에 의해 심각하게 왜곡된 적이 있었다. 다행히 웰빙 바람이 불면서 천일염은 다시금 그 위상을 회복하고 있다. 바다의 환경오염을 고려하면 가정에서는 고온에서 3번 구워낸 천일염을 사용하는 것이 적합하다. 칼슘에는 정제 칼슘과 무정제 칼슘이 있는데 인체에 흡수가 잘 되는 것은 천연의 무정제 칼슘이다. 천연의 칼슘 성분은 고구마순, 녹황색채소, 당근, 우엉, 연근, 멸치, 다시마, 톳 등에 풍부하다.

저영양의 세 번째는 효소이다. 우리 몸에서 효소는 소화 작용에 관여하고 에너지 대사도 효소의 도움이 있어야 가능하다. 간장에서는 무려 천 가지가 넘는 효소를 생산한다. 간은 효소를 이용하여 소화를 돕고 해독 작용도 한다. 효소는 혈액을 정화하며 면역세포인 백혈구도 효소의 도움을 받아야 활성된다. 생명을 유지하는데 효소는 없어서는 안 될 촉매제이다. 어떤 식으로든 효소가 계속해서 생성되어야만 효소로서의 역할을 할 수가 있다. 효소는 아미노산, 비타민, 미네랄 등의 영양분을 원료로 해서 생성된다. 가공식품이나 인스턴트 위주의 식생활은 효소의 작용을 방해하고 효소를 지치게 한다. 양질의 영양소를 섭취할 때만이 효소가 잘 생성되고 효소 역시 정상적인 기능을 발휘할 수 있다.

모성애로 수유하자

오늘날은 넘치는 먹거리에도 불구하고 현대판 영양실조가 생기는 시대이다. 영양소는 서로 별개로 작용하는 것이 아니라 하나의 사슬로 연결되어 수많은 생화학 반응을 일으킨다. 만일 영양의 고리 가운데 하나라도 허약해지면 이 생명의 사슬은 약해질 수밖에 없다. 그런데 이 고리 중에서도 가장 취약한 부분은 비타민, 미네랄, 효소이다. 현대인은 비타민, 미네랄, 효소의 섭취 자체가 부족하다. 문제의 심각성은 정제식품이나 트랜스지방, 정크푸드를 과다하게 섭취하면서 몸 안에 있는 비타민, 미네랄, 효소마저 마구 소모시키는 것이다. 미량 영양소의 소모는 치명적으로 영양의 고리를 약하게 한다. 이런 현상이 반복될수록 몸 안에는 풍요 속의 빈곤 현상이 생긴다. 식사량이 부족하지 않은데도 만성피로에 시달리며 수많은 독소가 생성되고 혈액이 탁해진다. 이것이 현대판 영양실조의 진면목이다.

여성은 임신을 하고 출산을 하는 순간 어머니가 된다. 임신한 지 280여 일 만에 아기를 낳고 수유를 한다. 이 기간이 길다면 길고 짧다면 짧은 시간이다. 모든 병은 환경과 습관의 2가지 요인에서 온다. 임신을 하는 순간 이미 어머니와 태아는 정신적, 육체적으로 끊임없이 교감을 한다. 어머니가 무슨 생각을 하느냐에 따라 아기의 두뇌가 발달하고 어머니가 무엇을 먹느냐에 따라 아기의 육체가 형성된다. 출산 후에

125

모유를 먹이면 어머니가 먹은 것이 곧 아기가 된다. 모유가 아무리 신비롭다고 하더라도 어머니가 불균형적인 식생활을 한다면 아기는 고스란히 그 영향을 받는다. 자녀의 평생 건강이 임신과 출산, 그리고 수유에서 시작된다는 것을 어머니는 잊지 말아야 한다. 이것이야말로 참된 모성애가 아닐까.

PART
3

해독이 내 아이의
항산화 지수(AQ)를
높인다

01

영양의 선순환에서
모든 해독이 시작된다

지금은 영양의 악순환 시대이다

'병이 있으면 약이 있다'는 말이 있다. 질병의 원인에 관하여 모든 의료인이 공통적으로 환경과 습관의 2가지를 지적한다. 결국 모든 병의 원인은 '생활습관병'으로 요약된다. 생활습관병 중에서도 아이들의 질병에 가장 큰 비중을 차지하는 요인이 바로 식습관이다. 오늘날 아이들의 모든 병은 감염을 제외하면 거의 음식에서 온다고 해도 과언이 아니다. 음식은 모든 영양의 바탕이 된다. 음식 없이는 생명을 유지할 수가 없다. 아이는 음식을 통해 성장 발육한다. 과거와 달리 현대에는 영양이 매우 풍부하다. 적어도 결손 가정을 제외하곤 이제 못 먹어서 안 크는 아이는 없다.

그럼에도 아토피, 소아천식, 알레르기비염, 위장관알레르기, ADHD, 자폐증, 성조숙증, 소아비만 등은 날이 갈수록 증가하고 있다. 아이들 중에는 성장 발육 상태가 매우 좋은 아이들이 있는가 하면 정반대로 잘 먹고도 아주 작은 아이들도 있다. 못 먹던 시절에 비하여 영유아 사망률은 급격히 줄어든 반면에 잔병치레와 만성난치병은 훨씬 더 많아졌다. 이렇게 된 근본 요인이 음식이라고 한다면 선뜻 이해가 어려울 것이다. 그런데 바로 이 음식이 아이들의 건강을 해치는 주범이 되고 있다. 영양을 공급해주는 음식이 음식으로서 본연의 역할을 제대로 수행하지 못하기 때문이다.

음식의 5대 영양소는 탄수화물, 단백질, 지방, 비타민, 미네랄이다. 오늘날은 5대 영양소가 생각보다 심각하게 오염되어 있다. 양질의 영양소를 섭취하는 것 같지만 본인도 모르게 오염된 영양소를 섭취하고 있다. 아이 어른 할 것 없이 오염된 영양소를 섭취하는 실정이다. 영양소가 오염되면 반드시 부작용을 낳는다. 탄수화물 식품을 섭취하되 오염된 탄수화물을 섭취하면 당 대사에 이상이 생긴다. 예를 들면 과일에 함유된 천연당이 아닌 패스트푸드에 함유된 정제당을 지속적으로 섭취하면 어린 아이는 면역력이 떨어지고 정서적인 안정감이 없어지며 이른 나이에 혈당관리시스템이 약해진다.

분명한 것은 과거와 비교해서 맛있는 음식이 너무나 다양해졌다는 사실이다. 한 끼 음식을 먹어도 맛이 있으면 먹고 맛이 없으면 아예 안 먹는 시대이다. 식생활 자체가 요리하는데 시간이 오래 걸리지 않고 먹기에 편리한 음식 문화로 바뀌었다. 당연히 인스턴트식품이나 외식 문화를 즐겨할 수밖에 없다. 이런 음식 문화의 패턴에서는 가장 우려되는 2가지 현상이 있다. 각 영양소의 질적 저하와 그에 따른 현대판 영양실조 현상이다. 달리 말하면 혀에는 맛있는 음식이 넘쳐나지만 우리 몸이 원하는 영양소는 매우 부족한 상황으로 전개되고 있다. 영양소의 질적 저하는 단순하게 자연의 먹거리이냐 가공식품이냐를 넘어서 우리 몸의 건강을 속속들이 해치는 수준으로까지 치닫고 있다.

과영양과 저영양의 불균형

오늘날은 탄수화물, 지방, 단백질의 과영양 시대이다. 과영양도 좋지 않지만 문제는 단순한 과영양만이 아니다. 3대 영양소의 섭취가 질적으로도 매우 좋지 않다. 탄수화물을 천연당의 형태로 섭취하기보다는 정제당을 위주로 섭취하는 사람들이 대다수이다. 정제당의 사촌격인 인공감미료도 거부할 수 없는 단맛으로 입맛을 유혹한다. 트랜스지방을 함유한 정제식용유나 튀긴 식품에 관하여 지나치게 관용적인 것도 매우 안이한 태도이다. 알레르기를 유발하는 저질의 단백질은 육가공식품, 밀가루, 유제품 등에서 그 폐해가 여실히 드러나고 있으며 단백질가수분해제 같은 첨가물도 한몫한다.

3대 영양소는 과영양 상태가 문제이지만 반대로 비타민, 미네랄 등은 저영양 상태가 문제이다. 비타민과 미네랄은 우리 몸의 생명 유지와 3대 영양소의 대사 과정에서 없어서는 안 될 필수 영양소이다. 비타민, 미네랄 모두 미량으로 존재하므로 매일같이 외부로부터 섭취를 해야만 한다. 자연의 먹거리를 멀리하였을 때 가장 결핍되기 쉬운 성분들이 비타민, 미네랄과 더불어 식이섬유, 효소, 유기산, 항산화 성분 등이다. 정제당, 트랜스지방산, 변성 단백질과 같은 질 낮은 3대 영양소에는 이 성분들도 동시에 결핍되어 있다. 따라서 질 낮은 3대 영양소를 섭취하면 할수록 이와 함께 비타민, 미네랄, 식이섬유, 효소, 유기산, 항산화 성분의 영양 결핍은 더욱 가중된다. 이것이 소위 말하는 '과영양과 저영양의 불균형의 고리'이다. 영양의 불균형이야말로 영양의 악순환을 불러온다. 대다수의 현대인은 남녀노소를 불문하고 영양의 악순환에서 벗어나지 못하고 있다.

영양의 선순환되어야 해독이 된다

영양은 선순환되어야 한다. 영양이 계속해서 악순환이 되면 그다음은 반드시 크고 작은 질병이 따라온다. 영양의 악순환은 단순한 영양 불균형이 아니라 소아의 몸 안에서 소화, 흡수, 배설, 대사의 작용을 교묘하게 방해하고 교란한다. 영양의 선순환은 어렵지 않다. 잘못된 식습관을 개선하고 질 좋은 음식으로 하나씩 전환하면 된다. 영양의 선순환을 위해서는 악순환의 고리는 끊어내고 선순환의 고리를 연결해야 한다.

영양의 개선을 위해서는 우선적으로 음식에 관한 숲을 보아야 한다. 진찰을 하다 보면 식품 하나하나만을 따지려는 어머니들이 있다. 그것이 틀린 것은 아니지만 숲을 보지 못한 채 이 음식은 좋고, 저 음식은 나쁘다는 이분법의 방식으로 분류하면 결국 악순환에서 벗어나기 어렵다. 식품 하나를 따지더라도 숲의 관점에서 보면 점차 영양의 고리를 이해하게 된다. 영양의 고리가 균형 있게 연결되어야 가장 안전하고 건강한 식사법이 가능해진다. 영양의 선순환을 위한 좋은 영양법에는 크게 3가지 조건이 있다. 음식의 재료, 음식의 구성 비율, 그리고 양념이다.

먼저 음식의 재료 중에서는 우선 밥의 재료인 쌀이 중요하다. 쌀은 질적으로는 통곡으로 된 현미가 가장 낫지만 소화에 부담이 있다면 멥쌀과 7분도미를 적절히 섞어 밥을 짓도록 한다. 소화와 영양을 모두 놓치고 싶지 않다면 발아현미가 좋다. 잡곡을 넣을 때는 가짓수가 너무 많으면 오히려 소화에 지장을 주므로 5가지의 오곡밥이 적당하다. 곡물 중에서도 밀가루만큼은 수입밀이 아닌 국산 통밀을 사용하기를 권한다. 쌀 다음으로 많이 먹는 식품이 밀가루 음식이기에 어려서부터 정제밀에 길들여지면 음식독으로 가는 지름길이 된다. 통밀이 정제밀보다 맛도 거칠고 쫀득한 식감도 없지만 자주 먹다 보면 어느새 적응이 된다. 식품 재료를 고를 때의 우선순위는 가공식품이나 식품첨가물을 가급적 배제하는 것이다. 고기나 계란도 청정 지역의 생산자 표기가 된 것을 선택하기를 권한다. 생선, 해물, 해조류는 워낙 갯벌과 우리나라 근해조차 오염이 되고 방사능 물질에 안전하지 못하여 선별에 어려움이 있다. 신선도를 잘 따지고 수입품보다는 국산 위주로 골라야 한다.

두 번째 음식의 재료 이상으로 중요한 것은 음식의 구성 비율이다. 개인적인 견해로는 균형식 식단표에 별로 동의하지 않는다. 균형식이란 탄수화물, 지방, 단백질, 비타민, 미네랄 등의 5대 영양군을 골고루 섭취하는 식단을 말한다. 균형식은 가장 이상적인 식단표인 듯하지만 여기에는 허점이 많다. 예를 들어 알레르기 환자인 아이를 위한 최선의 식단표는 균형식이 되어서는 안 된다. 이때는 동물성 단백질식품이면서 알레르기를 악화시키는 육류, 알류, 등푸른생선, 갑각류 등을 줄이고 인스턴트식품이나 식품첨가물은 평소보다 더욱 줄여야 한다. 단백질식품으로는 동물성 단백질은 현저히 줄이되 콩식품인 청국장, 된장의 섭취량을 늘려야 한다. 균형식보다 중요한 것은 장을 튼튼하게 하면서 성장, 면역, 발달에 균형이 잡힌 식단이라야 더욱 바람직하다.

마지막으로 요리에 들어가는 양념 또한 매우 중요하다. 양념을 달리 조미료라고도 한다. 그런데 음식의 풍미를 더해준다는 조미료의 의미 이상으로 양념의 역할은 특별하다. 조미료에는 '맛을 내는 부재료'의 의미가 담겨 있지만 양념에는 '약이 되는 염원을 담은 조미료'라는 의미가 있다. 음식의 재료를 몸에 비유한다면 양념은 혈액과도 같다. 양념의 질이 어떠냐에 따라 음식의 효능이 좋아지기도 하고 오히려 해가 되기도 한다. 좋은 식재료에 질 나쁜 양념은 안 어울리는 옷과도 같다. 대표적인 양념인 설탕, 소금, 간장, 된장, 고추장, 식용유, 식초의 제품을 신중하게 잘 골라야 한다. 최악의 양념은 정제당, 정제염, 혼합간장, 모조된장, 첨가물

덩어리의 고추장, 정제유, 합성 식초 등이다. 또 이들을 교묘하게 혼합한 양념 제품이다. 양념의 선택만 잘못되어도 혈액 내에 독소와 화학물질이 상당량 쌓이게 된다.

위의 3가지 요건이 잘 갖추어지면 과영양과 저영양의 연결 고리도 자연스럽게 해결된다. 영양 상태가 악순환에서 선순환으로 전환되기 시작하면 우선적으로 음식으로 인한 독소의 유입과 생성이 줄어든다. 선순환의 직접적인 증거는 소화 및 배설 기능에서 나타난다. 전보다 가스가 덜 차고 양질의 배변량이 많아진다. 배변 냄새도 순해진다. 마치 소가 풀을 잔뜩 뜯어먹고 구수한 소똥을 배설하는 것과도 흡사하다. 다른 가축에 비하여 소똥이 차지고 냄새가 적은 이유는 소의 소화 능력이 탁월하고 장 기능이 좋기 때문이다. 영양의 선순환이야말로 장을 건강하게 하고 성장, 면역, 발달을 촉진하는 비결이다.

4대 질병의
근본 치료는 좋은 영양과
해독법에 있다

아이들의 질병에는 자가중독증이 많다

가끔씩 뉴스에 중독 사고 소식이 나온다. 중독 사고란 수면제를 과다 복용했거나 농약 등의 독극물을 마시고 생명이 위독해진 상태를 말한다. 연탄가스 중독, 복어 알 중독, 독버섯 중독도 중독 사고의 사례들이다. 이와 같은 중독 증상은 단시간 내에 인체에 미치는 독성이 치명적이다. 중독 사고의 공통점은 외부로부터의 독성 원인이 명확하다는 것이다. 이와 달리 자가중독증은 체내에서 생성된 독소에 의한 중독을 말한다. 대표적인 자가중독증으로는 요독증, 임신중독증, 산혈증, 단독증, 간부전 등이 있다. 어린이에게서 흔히 볼 수 있는 자가중독증으로는 원인을 알 수 없는 주기성 구토증이 있다. 아이가 급작스럽게 축 늘어지면서 구토를 반복하고 복통을 호소하게 된다. 대개는 감기, 피로 등이 회복되지 않고 있다가 어떤 병적인 자극이 중추신경계, 내분비계, 자율신경계에 작용하는 것으로 추정하지만 원인은 불명이다.

자가중독증은 중독 사고와 달리 그 원인을 밝혀내기가 쉽지 않다. 알레르기와 자가면역질환을 비교해 보면 이해가 쉽다. 넓은 의미에서는 둘 다 알레르기에 속하는 공통점이 있다. 차이점은 알레르기는 외부적인 요인이 항원으로 작용하는 질병이라면 자가면역질환은 인체 내부적인 요인이 항원으로 작용하는 질병이다. 말하자면 면역 시스템의 교란에 의하여 내부에 있는 자기를 적으로 인식하여 공격하는 현상이 자가면역질환이다. 자가중독증은 외부의 치명적인 독성물질이 직접적으로 작용하지는 않는다. 오히려 체내의 신진대사에 어떤 문제가 발생하면서 독소의 생성이 증가되거나, 독소의 분해가 방해되거나, 독소의 배설이 안 되면서 중독 현상을 일으킨다. 자가중독증에 의한 독소는 주로 장내에 생기거나 조직에 생긴다.

지금은 영양의 악순환이 소아의 건강을 해치는 시대이다. 과영양과 저영양의 불균형에 의한 식습관은 치명적인 독성물질은 아니더라도 체내에서 독소를 형성하기 쉬운 환경을 만든다. 정제당, 정제염, 트랜스지방산, 밀가루 글루텐, GMO 식품, 재조합 호르몬, 합성물질, 식품첨가물 등은 각각으로는 극미량에 지나지 않는다. 하지만 매일 먹는 음식을 통하여 체내에 축적되면 어느 시점에서 중독 현상으로 나타날 수 있다. 이런 종류의 식품들은 가장 먼저 아이의 장을 약하게 한다. 아이의 소화기관은 정상적인 5대 영양소가 들어와야 소화, 흡수, 배설, 대사를 제대로 할 수 있다. 그렇지 않고 음식이 오염된 상태로 들어오면 그만큼 대사장애가 생길 수밖에 없다. 부패한 음식을 잘못 먹으면 식중독이 일어나지만 각종 첨가물로 오염된 음식은 아주 천천히 소아의 몸을 망가뜨린다.

이런 류의 음식을 지속적으로 먹다 보면 아이의 장벽이 약해져서 흡수장애가 일어나고 복통이 생긴다. 영아산통의 원인은 거의 장에 문제가 생겼을 때이다. 신생아의 장폐색증은 분유를 먹는 아기들한테서 훨씬 많다는 보고가 있다. 아이의 건강 상태는 대변을 통해 잘 나타난다. 대변이 딱딱하거나, 배변량이 지나치게 적거나, 설사를 자주 하거나, 색깔이 탁하거나, 가스가 많을수록 장내 환경이 좋지 않다는 증거이다. 어른에게만 발병하던 장누수증후군이 최근 영유아층에서 발병 빈도가 높다는 것은 꽤 충격적이다. 장누수증후군은 알레르기나 아토피의 직접적인 요인이 된다. 이처럼 아이의 장에서 생기는 일련의 증상들을 종합해 보면 충분히 자가중독증이 의심된다.

해독 기관인 장과 간

우리 몸은 스스로 독소를 해독하는 조절 능력이 있다. 음식을 먹게 되면 장에서 일차적으로 노폐물과 독소를 걸러낸다. 장내세균총을 형성하고 있는 유익균들은 독소를 분해, 배출하는 역할을 한다. 음식에 포함된 식이섬유는 노폐물과 독소를 그대로 체외로 운반하는 역할을 한다. 음식 속에 어느 만큼의 유해물질이나 독성이 있어도 쉽게 중독되지 않는 이유는 이처럼 장에서 청소부 역할을 충실히 하기 때문이다. 장에서 독소를 완전히 제거하지 못하더라도 해독 장기인 간이 이차적으로 해독을 한다. 혈관을 통해서 흡수된 독소는 간문맥을 통하여 혈액과 함께 간으로 이동한다. 간에는 무려 천여 종의 효소가 있어서 소화를 돕고 한편으론 독성물질을 해독한다. 이처럼 해독 기관인 장과 간에서 웬만한 독소는 제거가 되게끔 방어 기능을 담당한다.

그럼에도 최근 들어 소아의 대표적인 면역질환인 아토피, 천식, 알레르기비염, ADHD, 자폐증, 자가면역질환, 성조숙증, 소아비만 등이 급증하는 이유는 자가중독증이 그만큼 심해졌기 때문이다. 장과 간에서 아무리 열심히 해독하더라도 독성물질이 지나치게 쌓이다 보면 해독 기능에 한계가 온다. 알레르기나 ADHD, 자가면역질환은 단순히 면역이 약하거나 정서적으로 불안정한 것이 아니다. 체내에서 제거가 안 된 독소가 면역시스템을 교란하면 피부나 호흡기에서 알레르기 반응이 일어나고, 뇌의 신경전달물질과 호르몬 체계를 교란시키면 발달장애가 된다. 이처럼 이제 아이들의 병은 거의가 자가중독에 의한 독소가 관여하고 있다. 음식이 가공식품과 첨가물로 오염되다 보니 음식이 독이 되어 소아의 건강을 위협하고 있다.

장의 중요한 3가지 역할

음식이 독이 되는 시대인 만큼 소아의 장은 특별히 중요하다. 장은 음식을 받아늘이고 소화 흡수를 하고 배설하는 기관이다. 장은 단순한 소화기관이 아니다. 장에는 지금까지 알려지지 않았던 중요한 역할들이 있다. 먼저 면역세포의 70%가 장 점막에 분포한다. 소장 회맹부에 위치한 파이어판에 체액성면역과 세포성면역을 담당하는 B 림프구와 T 림프구가 자리잡고 있다. 이들 림프구와 함께 면역 반응에 관여하는 Th1, Th2 세포와 킬러 T 세포, 사이토카인 등도 모두 이곳에 분포하고 있다. 파이어판의 면역 세포들은 호흡기 점막과 피부로 이동하여 면역 활동을 한다. 우리 몸이 능동 면역을 할 수 있게끔 베이스캠프 역할을 하는 곳이 소장내의 파이어판이다.

만약 장내 독소가 장벽을 틈타 파이어판으로 유입되면 면역 체계가 교란되면서 알레르기 반응이 생긴다. 그러기에 아토피, 천식, 비염, 두드러기와 같은 알레르기 질환을 근본 치료하기 위해서는 반드시 장 기능을 회복시켜주어야 한다. 알레르기 치료를 항상 증상 치료에만 그치면 면역 기능이 좀처럼 개선되지 않는다. 면역을 담당하는 면역세포가 건강해야만 면역력이 강화될 수 있다. 파이어판에서 면역세포가 강하게 단련되면 편도선 근처에 위치한 M 세포나 피부 장벽으로 잘 훈련된 백혈구가 이동하여 바이러스나 세균에 강력하게 대항할 수 있다. 이처럼 면역세포들이 정상 면역을 수행하기 위해서는 우선적으로 장내 독소가 제거되어야 한다.

　장에는 장신경세포도 분포하고 있다. 뇌에만 분포하는 신경세포
가 장에도 있다는 사실은 의학계에서도 최근에야 밝혀졌다. 이는 그동
안 ADHD, 자폐증, 정신지체와 같은 발달장애를 뇌의 병변으로만 보았
던 시각을 바꾸어 놓았다. 더구나 장의 신경세포에서 뇌의 신경전달물질
인 세로토닌의 80%가 생산된다고 한다. 뇌와 장은 신경세포로써 긴밀한
연관성이 있다. 달리 말하면 뇌는 우리 몸의 중추기관의 역할을 수행하
지만 장으로부터 영양과 호르몬을 공급받아야만 한다. 이 과정에서 장내
독소가 뇌혈관을 통해 영양이나 호르몬과 함께 유입되면 뇌 기능장애가
발생한다. 그동안 정제당, 트랜스지방산, 식품첨가물이 자폐증, ADHD,
청소년비행 및 범죄와 상관성이 있다는 임상 보고는 많았다. 여기에 덧
붙여 장내에 신경세포가 존재한다는 사실은 장내 독소와 뇌 기능장애의
상관성을 더욱 확실하게 증명해준다.

　이처럼 장은 소화기관이면서 동시에 면역 기능과 뇌 기능에 중추적
인 역할을 하고 있다. 소아의 건강은 크게 성장, 면역, 발달의 3가지로 요
약된다. 이런 점에서 장은 성장, 면역, 발달에 가장 중요하며 근본이 되는
장기이다. 음식은 약이 될 수도 있고 독이 될 수도 있다. 오늘날처럼 먹거
리가 풍요로우면서도 가공식품과 식품첨가물에 의해 음식이 오염이 된
시대에는 특히 장의 역할이 중요해졌다. 장이 건강해야 성장이 잘되고,
장이 건강해야 면역력이 증강되며 장이 건강해야 뇌 기능이 좋아질 수
있다.

해독과 영양을 겸해야 한다

아이의 건강을 관리할 때 해독과 영양의 관점은 매우 중요하다. 아이가 식사량이 줄고 발육이 처질 때에는 보약을 먹이곤 한다. 그런데 과거와는 달리 아이들을 진료해 보면 순전히 기가 약하거나 체력이 허약한 아이는 드문 편이다. 지금 아이들은 무조건 약한 것이 아니라 면역, 발달, 성장 면에서 어느 한쪽으로 균형이 무너져 있다. 기운이나 영양 보충만으로는 부족한 독소에 의한 자가중독증 현상을 보이는 것이다. 예를 들면 감기나 편도선염, 중이염과 같은 잦은 병치레로 항생제를 오래 복용하다 보면 장 기능이 나빠지고 이는 고스란히 면역에 악영향을 끼쳐 알레르기비염, 소아천식으로까지 이어진다.

잔병이 길어지거나 알레르기로 고생하면 식욕이나 소화력, 면역력이 점점 약해지면서 짜증이 늘어나고 성장도 부진해진다. 이제는 이와 같이 질병의 악순환이 반복되는 아이가 한의원에 내원하는 경우가 허다하다. 이때는 무조건 보약을 처방하지 않고 지금까지의 악순환을 선순환의 패턴으로 바꾸어 보라고 당부한다. 화는 또 다른 화를 부르고 선은 또 다른 선을 낳는다. 인생을 살아가는 이치가 그렇듯이 건강관리도 다르지 않다. 악순환의 흐름을 끊고 선순환의 패턴으로 전환시킬 때 비로소 아이가 건강해질 수 있다. 그러면 어떻게 해야 선순환의 패턴으로 돌아설 수 있을까?

우선 음식독을 없애기 위해서는 식단부터 선순환해야 한다. 식단을 짤 때 독이 되는 음식과 약이 되는 음식을 명확히 구분할 수 있어야 한다. 음식을 구분한 다음에는 전체적으로 질 좋은 영양을 섭취하게끔 요리한다. 양념이 중요한 이유는 양념에도 수많은 독소가 있기 때문이다. 영양은 음식의 선택을 통해서 얼마든지 개선이 가능하다. 음식이 약藥이라는 사실을 잊지 말자. 반대로 음식이 독毒이 될 수 있다는 사실도 명심하자. 해독에는 음식과 약의 2가지 방법이 있다. 우선 식생활 개선을 통해 음식을 바꾸면 일차적으로 독소가 많이 걸러진다. 입으로 들어가는 독소의 양만 줄여도 어느 정도 면역력이 회복되고 질병이 개선된다.

음식으로도 안 되는 해독은 약藥으로 한다. 한의학에는 해독의 약효가 있는 약재와 처방들이 있다. 필자는 한약의 약효와 해독력을 강화하기 위해 발효한약으로 처방한다. 탕약이 아닌 발효한약으로 조제하는 것이다. 오늘날에는 가공식품과 식품첨가물, 유전자조작으로 생산된 곡물, 항생제와 성장호르몬이 함유된 육류, 농약과 화학비료로 재배된 농산품, 오염된 바다에서 생산된 수산물로 음식마다 독소 아닌 독소가 넘쳐난다. 이 음식들이 매일같이 우리 몸 안으로 들어오면서 유해 세균, 유해 물질, 독가스, 활성산소, 과산화지질 등의 각종 독소를 만들어낸다. 이 독소들은 한의학에서 식적, 숙식, 담음, 담적, 어혈, 징가 등으로 불린다. 그중에서도 어린아이에게 특히 많은 독소는 식적 또는 숙식이며 담음, 어혈, 징가 등은 상대적으로 적은 편이다.

발효한약은 이 독소들을 우선적으로 제거하면서 약해진 기운을 회복하는 데 주목적이 있다. 해독에 효과가 있는 처방을 발효하면 장내 환경을 정비하고 해독 기관인 장과 간의 기능을 개선하는 효과가 증대된다. 이와 함께 장내 조직에 분포하고 있는 면역세포인 백혈구의 기능과 뇌 기능에 직접적인 연관이 있는 장신경세포의 회복에 도움을 준다. 장과 간의 해독력이 개선되면 신선한 영양이 혈액으로 공급되면서 성장발육 이 원활해지고 과산화지질과 같은 저질의 지방이 제거되므로 소아비만 도 예방된다.

03

해독에는 비타민, 미네랄, 효소, 식이섬유, 항산화 성분이 필수이다

해독에 좋은 완전식품들

쌀을 예로 들어보자. 한창 백미를 선호하던 시절이 있었다. 쌀을 도정해서 미강과 쌀눈을 모두 벗겨내면 정백미가 된다. 백미를 선호하는 이유는 오직 하나, 밥맛이 더 좋기 때문이다. 백미와 현미로 따로 밥을 지어본 주부라면 밥맛의 차이를 금방 알 수 있다. 현미는 쌀겨와 쌀눈에 비타민 B군과 칼슘, 철분, 마그네슘, 식이섬유가 풍부하고 옥타코사놀이라는 항피로, 항스트레스 성분까지 함유하고 있지만 밥맛은 백미에 미치지 못한다. 그러다 보니 밥조차도 밥맛이 좋은 백미를 선호해서 10분도도 모

자라 13분도로 도정한 정백미를 먹는다. 쌀겨와 쌀눈의 영양소를 제거한 정백미는 완전식품이 아닌 일종의 정제식품이다. 흰 쌀, 흰 밀가루, 흰 설탕을 삼백(三白)이라고 하지 않는가.

다행히 최근에는 백미보다 현미를 선호하는 쪽으로 바뀌는 추세이다. 통곡으로 된 현미야말로 영양학적으로는 쌀의 완전식품이다. 현미보다 더 완전식품은 발아현미이다. 현미를 발아하면 쌀 속에 함유되어 있던 극미량의 독소가 빠지면서 유용 성분은 더 생성된다. 그러므로 아이가 아파서 미음을 먹여야 한다면 발아현미를 재료로 하는 것이 효과적이다. 다만 평소 위장장애가 잦은 아이라면 백미나 찹쌀에 발아현미를 조금 섞어서 미음을 끓이는 것도 좋은 방법이다. 밀가루의 경우 통밀이 완전식품이라면 정제한 수입 밀가루는 저질의 정제식품이다. 수입 밀가루로 만들어 시판되는 밀가루식품은 국산 통밀로 만든 식품으로 대체하되 대체가 힘든 밀가루식품은 가급적 줄여야 한다.

콩은 그 자체로도 훌륭한 단백질식품이자 이소플라본, 리놀렌산, 레시틴, 사포닌 등이 함유된 건강식품이다. 콩은 매우 다양한 방법으로 조리가 가능하다. 콩밥, 콩나물, 콩국수, 콩자반, 콩비지, 순두부, 두부, 두유, 청국장, 된장 등 어느 것 하나 영양학적으로 손색이 없다. 이 중에서도 완전식품을 꼽으라면 두부라고 할 분들이 많겠지만 필자는 청국장과 된장을 추천한다. 청국장과 된장에는 유산균과 식이섬유가 많아 배변 활동을 도와준다.

아이에게 고기를 먹일 때에는 고기를 다진 후에 양념으로 재운다. 이

때 배나 파인애플을 같이 넣어주면 단백질분해효소가 효소 처리를 해서 고기를 한결 부드럽게 한다. 매실발효액을 섞어주면 고기를 먹은 후에 혈액의 산성화를 방지하고 해독 작용도 도와준다. 생선을 굽거나 조림을 할 때에도 매실발효액은 훌륭한 양념이 된다. 고기나 생선은 산성식품이면서 장내에서 암모니아, 인돌, 스카톨과 같은 질소잔존물이 생성되기 쉬우므로 매실발효액의 알칼리 미네랄로 중화시키면 좋다. 동물성 단백질은 효소 처리를 하거나 매실발효액을 섞어주면 아토피 예방에도 도움이 되고 완전식품의 역할을 할 수 있다.

유제품은 아이의 간식이자 건강식품이다. 다만 시판되는 유제품을 사 먹이기보다는 우유를 요구르트 종균으로 발효해서 먹이는 게 가장 안전하고 건강에도 좋다. 우유를 발효한 발효유는 시큼한 맛이 있으므로 여기에 메이플시럽이나 좋은 꿀을 타서 먹이면 된다. 이 역시 유제품을 완전식품으로 먹이는 방법이다. 완전식품은 어렵지 않지만 만드는 데 시간이 걸리고 번거롭다. 반면 그만큼 아이를 사랑과 정성으로 키울 수가 있다. 맞벌이 부부처럼 도저히 시간을 낼 수 없다면 최근 유기농업체에서 판매되고 있는 유기농 요구르트를 추천한다.

완전식품이 되기 위한 조건

우리나라 어린이들이 가장 좋아하는 만화 캐릭터를 꼽으라면 단연 뽀로로이다. 뽀로로를 주제로 하는 애니메이션 영화에는 크롱, 에디, 포비,

루피, 패티, 해리 등 여러 명의 뽀로로 친구들이 등장한다. 뽀로로와 친구들은 서로 주인공이 되면서 북극의 눈 속 마을에서 재밌는 에피소드를 만들어낸다. 식품에도 이들과 같은 완전체 오총사가 있다. 이 완전체 오총사가 있으면 영양면에서 안전식품이 된다. 반대로 완전체 오총사가 없으면 영양 상태가 매우 부실해진다. 그야말로 앙꼬 없는 찐빵과도 같다. 완전체 오총사란 식물에 존재하는 천연 성분의 비타민, 미네랄, 효소, 식이섬유, 항산화성분 등의 5가지이다.

이들 오총사는 3대 영양소인 탄수화물, 지방, 단백질을 완벽하게 호위한다. 여기서 '호위'라는 표현을 하였지만 이들의 가장 중요한 기능은 3대 영양소의 제동 장치 역할이다. 우리 몸은 3대 영양소를 섭취하면 위장관에서 소화 흡수를 하고 세포 내에서 에너지 대사를 한다. 이 과정에서 오총사는 영양소의 소화, 흡수 속도를 조절하고 에너지 대사에 직접 관여한다. 만약 정제당, 정제밀, 정제염, 정제유처럼 식품에서 이들 오총사가 제거된 채 3대 영양소를 섭취하면 어떤 일이 벌어질까? 탄수화물 대사가 지나치게 빨라지면서 혈당 체계가 교란되고, 지방은 과산화지질과 같은 유해 성분이 과도하게 생성되며 단백질은 소화기관의 장벽에서부터 흡수장애를 일으킨다.

음식은 음식이지 독극물이 아니다. 하지만 음식이 완전식품이 되지 못하면 의도치 않게 독소로 작용하게 된다. 꿀은 몸에 약이 되지만 정제된 설탕은 몸에 독소가 된다. 꿀과 정제 설탕의 차이는 꿀은 오총사가 함유된 완전식품이지만 정제 설탕은 오총사가 제거된 정제식품이라는 것이다. 비슷한 예로 통밀은 약이 되지만 묵은 정제밀은 독소가 된다. 이들의 결정적인 차이는 오총사의 유무이다. 압착해서 만든 올리브유는 볶음요리의 식용유로 적합하지만 정제한 올리브유는 알고서는 쓰지 말아야 한다. 압착과 정제의 차이는 트랜스지방산의 유무가 제일 문제이지만 오총사의 유무에도 차이가 있다.

이런 차이는 자연 상태의 식품과 식품첨가물이 많은 가공식품에서 더욱 크다. 자연 상태의 식품에는 완전체 오총사가 풍부하다. 다만 오총사의 성분 비율이 저마다 조금씩 차이가 있을 뿐이다. 예를 들어 사과에는 비타민 C와 식이섬유인 펙틴이 풍부하다. 시금치에는 철분, 엽산, 비타민 C가 풍부하다. 당근의 껍질에는 항산화 성분인 카로티노이드가 많은데 특히 비타민 A를 생성하는 베타카로틴이 풍부하다. 톳에는 칼슘과 철분이 매우 풍부하다. 중요한 것은 각각의 식품마다 특정 성분이 풍부하면서도 오총사 성분을 비교적 골고루 함유하고 있다는 점이다.

완전체 오총사의 특징

완전체 오총사는 기능적으로 몇 가지 특징이 있다. 첫 번째는 복합체로 작용한다는 점이다. 3대 영양소가 흡수될 때 오총사는 협력하여 영양의 흡수와 에너지 대사를 도와준다. 이들이 서로 협력하지 않으면 영양의 흡수는 불완전해질 수밖에 없다. 이는 마치 운동 경기에서의 긴밀한 팀워크와도 매우 흡사하다. 두 번째는 서로 유기적으로 작용한다는 점이다. 우리 몸에서 칼슘이 흡수되려면 반드시 비타민 D와 햇빛의 도움을 받아야 한다. 만일 비타민 D의 도움이 없다면 칼슘은 전혀 흡수되지 않고 그대로 배출된다. 효소가 효소로서의 작용을 수행하기 위해서는 조효소인 비타민과 미네랄의 도움 없이는 불가능하다. 비타민 C와 E, 미네랄인 셀레늄은 그 자체로 매우 뛰어난 항산화 성분이다.

마지막으로 완전체 오총사는 제각각 중요한 역할을 담당한다. 비타민은 미량의 영양소이면서도 생명 유지와 생리 작용을 조절하는 데 필수적인 유기물질이다. 미네랄도 생명과 건강을 유지하는데 필수 영양소로서 뼈와 치아의 생성, 체액의 산염기 평형, 호르몬의 구성 성분으로 쓰인다. 효소는 생체의 소화 작용과 대사 작용을 비롯한 모든 생화학 반응에 관여해서 촉매제 역할을 한다. 식이섬유는 난소화성 성분으로 배변 활동을 촉진하며 유산균의 먹이가 된다. 항산화 성분은 활성산소와 과산화지질 등의 유독물질로부터 인체를 방어하는 역할을 한다. 이처럼 완전체 오총사는 때로는 복합체로, 때로는 서로 유기적으로, 때로는 단독으로 몸 안에서 매우 중요한 역할을 담당한다.

자연 상태의 식품과는 달리 식품첨가물이 많은 가공식품에는 완전체 오총사가 결여되어 있다. 다시 말해 완전체 오총사가 결핍된 가공식품의 섭취가 많아질수록 음식이 독소로 작용할 가능성은 매우 높다. 게다가 완전체 오총사를 모방한 합성물질의 제품들도 있다. 시판되는 건강식품의 대표 주자인 종합 비타민, 미네랄 보충제, 항산화제 등은 거의 천연 성분이 아닌 합성물질로 제조된 제품들이다. 천연 성분을 표방한 천연원료 비타민조차 천연 성분은 10% 수준에 불과하고 나머지는 합성물질이다. 효소 제품 또한 소비자를 현혹하는 효소 아닌 효소 제품들이 난립하고 있는 실정이다.

음식은 잘 먹어야 영양이 되고 약이 된다. 가공식품과 식품첨가물의 유해성을 알면서도 가리지 않는 주된 이유는 안전불감증 때문이다. 음식문화의 안전불감증이 대중화되면 한마디로 대책이 없어진다. 음식의 안전불감증은 집단적인 사고가 아니라 전부 개개인의 건강 붕괴로 이어진다. 음식을 소화 흡수시키는 소화기관의 장벽이 서서히 누수되고, 독소를 내보내는 대소변과 땀의 배출이 시원치 않게 되며 혈액과 혈관에 독소가 쌓이고, 면역세포가 약화되며 조직과 장기의 기능이 저하된다. 그러다가 어느 날부터인가 고약한 난치병이 고개를 빳빳이 들고 본격적으로 정체를 드러낸다. 완전체 오총사가 우리 몸에서 얼마나 중요한 역할을 하는지를 알아야 한다. 음식을 입으로, 눈으로, 코로만 평가해서는 곤란하다. 세상에서 어린아이가 가장 좋아할 만한 음식은 전부 다 정크푸드라고 해도 과언이 아니다. 음식의 선악을 잘 구분할 수 있어야 음식이 나와 가족을 살린다.

04
·····

입맛이 건강한 아이가
오장육부가 튼튼하다

건강한 입맛이라야 오장육부가 건강하다

아이를 키우다 보면 더러 입맛을 잃을 때가 있다. 아이의 입맛이 좀처럼 회복이 안 되면 우리네 선조들은 귀룡탕과 같은 보약을 먹여 왔다. 보약을 먹인 후에 아이가 밥도 잘 먹고 기력이 회복되는 걸 보면 그렇게 흐뭇할 수가 없다. 과연 보약의 어떤 성분이 입맛을 회복시켜 주는 것일까. 여기에서는 입맛과 오장육부의 관계가 중요하다. 보약으로 오장육부의 기능을 회복시키면 자연스럽게 입맛이 돌아오는 이치이다.

입맛은 혀의 감각으로 느낀다. 입맛에는 크게 단맛, 신맛, 쓴맛, 짠맛,

매운맛이 있는데 이 5가지의 입맛을 오미^{五味}라고 한다. 오미의 기준으로 보면 식생활이 건강한지, 아니면 병이 들었는지 어렵지 않게 구분할 수가 있다. 오미는 단순한 입맛이 아니라 오장육부의 건강 상태를 대변하는 중요한 표식^{sign}이다. 오미를 골고루 섭취하는 아이는 입맛이 건강하고 편식하지 않는다. 입맛이 건강한 아이가 오장육부도 균형 있게 건강하다. 반면에 입맛이 까다롭고 편식이 심한 아이는 진찰해 보면 오장육부의 어딘가가 약해져 있다. 오미의 식습관은 오장육부의 건강 상태를 그대로 보여주는 거울과 같다.

오미의 기능과 중요성

옛 선현들은 오미를 깊이 연구하였다. 표면적으로 오미는 혀로 느끼는 5가지의 맛이다. 그러나 오미는 단순히 혀의 감각만으로 그치지 않는다. 오미가 몸 안의 오장육부와 어떻게 긴밀하게 연관되어 있는가를 알고 나면 경이롭다. 먼저 오미의 기능과 그 중요성을 알아 보자.

단맛은 가장 근원적인 맛이다. 아이들이 원초적으로 가장 좋아하는 맛이 단맛이다. 단맛의 기능은 중심적인 맛이다. 단맛을 내는 탄수화물은 생명 활동을 유지하는 가장 중요한 에너지원이다. 뇌는 3대 영양소 중에서도 특별히 포도당만을 에너지로 이용한다. 뇌에 포도당이 공급되지 않으면 뇌 기능이 작동될 수가 없다. 단맛은 뇌에서 행복호르몬인 도파민을 자극하여 만족감을 느끼게 한다.

신맛의 기능은 한마디로 수렴收斂 작용을 한다. 신맛은 체액이나 혈액, 영양분을 모으는 작용을 한다. 우리 몸에서 혈액을 저장하고 해독하는 장기는 간이다. 신맛은 간이 영양과 혈액을 모을 수 있도록 도와준다. 신맛은 근육의 피로를 풀어주고 눈을 맑게 해준다. 간이 약해지면 피로 물질이 쌓이고 혈액이 탁해지며 독소가 쌓인다. 이때 식초를 희석해서 음용하면 식초의 유기산이 미네랄, 비타민, 생리활성물질과 함께 간을 해독하고 피로를 개선해준다. 오미자, 복분자, 산수유, 오디, 작약과 같이 신맛이 들어간 약재는 특별히 간을 보강하는 효능이 있다.

매운맛의 기능은 몸을 따뜻하게 하고 발산發散하는 작용이 있다. 매운맛의 음식은 위장을 적절히 자극해서 식욕을 촉진하고, 땀구멍을 열고 땀샘 분비를 촉진한다. 몸이 냉한 사람이 고추장을 밥에 비벼 먹으면 입맛이 돌고 소화가 잘된다. 감기에 걸렸을 때 아이에게 생강차를 주는 이유는 땀구멍을 열어 찬 기운을 빼내기 위함이다. 매운맛의 대표적인 식품은 고추와 생강, 마늘이다. 고추의 캡사이신, 생강의 진저론, 마늘의 알리신은 우리 몸의 양화를 도와주는 천연의 매운맛 성분이다.

짠맛의 기능은 딱딱한 것을 연하게 하는 연견軟堅 작용과 함께 신장의 기운을 도와준다. 배추에 소금을 뿌리면 배추가 흐물흐물해지듯이 짠맛은 우리 몸 안에서 종양이나 덩어리를 풀어준다. 탈수나 탈진은 저나트륨 증상인데 이때 소금을 먹으면 기운이 다시 회복된다. 짠맛의 성분은 오로지 소금으로부터 섭취할 수 있다. 좋은 소금은 바닷물처럼 염도가 0.9%이며 78%의 염화나트륨과 함께 칼륨, 칼슘, 마그네슘 등의 80여 가지의 미네랄도 풍부하다. 천일염은 신장의 수분대사를 도와주지만 미네랄을 제거한 순도 99%의 정제염은 신장을 망가뜨리고 고혈압의 주범이 된다. 짠맛 자체가 고혈압의 원인이라는 것은 오해이다.

쓴맛의 기능은 심장의 열을 내려주고 혈관의 염증을 제거하는 작용을 한다. 열량을 공급하는 중심적인 맛은 단맛이지만 생명 활동의 중심적인 맛은 쓴맛이다. 쓴맛은 별도의 양념 없이 모든 나물에 고루 함유되어 있다. 이는 자연 속의 나물에 쓴맛의 기운을 고루 두어서 심장의 기운을 조절하기 위함이다. 심장은 화*의 기운이 강한 장기이다. 오늘날처럼 스트레스와 화가 많은 시대에는 심장에 과부하가 걸리기 쉽고 심혈관 질환과 고지혈증, 뇌졸중이 속출하기 쉽다. 쓴맛의 기운이 부족하면 어린아이도 화를 참지 못하고 과잉행동, 충동적인 성향이 많아지게 된다.

엄마는 아이의 입맛 선생님이다

가공식품과 식품첨가물이 넘쳐나는 오늘날은 아이 스스로 입맛을 잘 들이기가 사실상 불가능하다. 따라서 아이의 입맛을 길들이기 위한 부모의 역할이 그 어느 때보다 중요해졌다. 이런 점에서 엄마는 아이의 입맛 선생님이 되어야 한다. 진료를 하다 보면 아이의 입맛이 정말 까다로우면 부모 중에도 입맛이 까다로운 분이 있다. 입맛도 학습효과가 중요하다. 아이는 가르치지 않아도 눈으로 보면서 그대로 따라 한다. 내 아이의 입맛을 살리고 싶은 부모라면 먼저 자신의 입맛부터 개선할 필요가 있다. 입맛의 개선은 좋은 식습관에서 시작된다. 그러자면 약이 되는 음식과 독이 되는 음식을 잘 구분해야 한다. 그다음에는 구체적인 실천을 통하여 부모와 아이가 노력하면 입맛은 얼마든지 개선할 수 있다.

05

아이를 독이 되는 맛이 아닌 약이 되는 맛에 길들이자

약이 되는 단맛, 독이 되는 단맛

단맛은 누구나 유혹되기 제일 쉬운 맛이다. 문제는 천연당이 아닌 정제당이나 인공감미료를 탐닉하는 데 있다. 정제당인 백설탕이 탄생한 배경도 사탕수수에서 단맛만을 뽑아내려는 불순한 의도였다. 사탕수수의 비타민, 미네랄, 식이섬유 등의 성분을 몽땅 제거해버리면 원당보다 강한 단맛이 남는다. 설탕 산업은 중세 유럽의 귀족들이 사탕수수의 원당보다 단맛이 강한 백설탕을 선호하면서 비약적으로 발전하였다.

오늘날도 강한 단맛을 위해서라면 소비자의 건강까지도 무시해버리는 것이 식품업자들이다. 지금은 설탕보다 단맛이 더 강한 시럽, 물엿, 액상과당과 설탕보다 200~300배 이상의 단맛을 내는 아스파탐, 스테비오사이드, 수크랄로스가 단맛의 세계를 장악하고 있다. 올리고당은 착한 당이라는 가면을 쓰고 소비사를 현혹시키고 있다. 이렇듯 정제당과 인공감미료의 거부할 수 없는 단맛의 유혹을 아는 부모는 아이의 입맛을 살피고 또 살핀다. 정제당과 인공감미료에 대한 탐닉은 건강은 포기한 채 단맛만을 좇는 삶이나 다름없다.

정제당과 인공감미료의 유혹을 이기기 위해서는 적극적으로 천연당을 가까이해야 한다. 집에서 안전하게 사용할 수 있는 천연당의 종류에는 사탕수수로부터 정제 과정을 거치지 않고 생산된 유기농 원당, 설탕을 섞지 않은 질 좋은 천연꿀, 첨가물을 넣지 않고 만든 쌀조청, 단풍나무에서 직접 추출한 메이플시럽, 선인장에서 추출한 아가베시럽, 원당으로 발효한 매실발효액 등이다. 백설탕과 원당만 비교해 보더라도 같은 용량이면 백설탕이 더 달다. 커피를 마실 때 백설탕 대신 원당을 타면 단맛이 덜한데 이런 사소한 부분에서부터 입맛을 잘 길들여야 한다. 좋은 재료인 천연당을 사용하는 습관으로 하나씩 바꾸다 보면 어느새 정제당과 인공감미료의 치명적인 유혹으로부터 벗어나게 된다.

약이 되는 신맛, 독이 되는 신맛

아이들은 신맛을 좋아한다. 신맛은 영양과 혈액을 모음으로써 소아의 생장하는 기운을 도와준다. 하지만 신맛 중에는 매우 위험한 성분이 있다. 바로 빙초산이다. 빙초산에는 천연 식초에서 추출한 것과 석유에서 정제한 공업용 또는 식용 빙초산이 있다. 석유에서 정제한 빙초산은 유독성의 위험에도 불구하고 우리나라에서만 유통되고 있는 실정이다. 이유는 값이 아주 저렴하다는 것인데 문제는 소비자들조차 톡 쏘는 합성 빙초산의 맛에 길들여져 있다는 것이다. 빙초산은 중국집의 단무지, 냉면에 넣는 식초, 횟집이나 냉면집의 초장, 회 무침, 치킨무, 오이피클 등에 광범위하게 들어 있다. 더구나 이런 것들은 아이들이 매우 즐기는 식품이다. 인공 빙초산을 먹게 되면 위장에 염증 또는 출혈 반응이 생기고, 피부 점막을 상하게 하여 아토피나 알레르기를 유발한다. 신맛이 아무리 좋더라도 빙초산만큼은 피해야 한다. 신맛의 가장 좋은 식품은 단연 과일이며 양념으로는 천연 식초이다.

일반 가정에서 천연 식초를 사용하는 가정은 예상 외로 드물다. 집에서 직접 만든 감식초를 사용하긴 하지만 감식초는 산도가 2.7 정도로 매우 낮은 편이다. 질 좋은 천연 식초는 산도가 4~5 수준이다. 흔히 마트에서 판매되는 양조 식초나 합성 식초는 모두 저품질의 식초이다. 시판되는 리터당 천 원 내외의 값싼 양조 식초는 순도 95% 이상의 에틸알코올인 주정을 넣어 속성 발효한 주정식초이다. 이렇게 기계로 속성 생산한 양조 식초에는 합성 성분인 구연산을 첨가하였을 뿐 천연 식초에 풍부한 유기산, 비타민, 미네랄 등이 완전히 빠져버린 이름뿐인 양조 식초이다. 합성 식초는 빙초산을 넣은 그야말로 최악의 식초이다. 합성 식초는 석유나 석회석을 원료로 한 빙초산에 MSG, 호박산, 인공감미료 등 여러 첨가물을 더해서 하루만에 완성한 인공식초이다. 합성 식초의 주성분인 빙초산은 알레르기나 아토피를 악화시키는 주범이기도 하며 인체의 점막 조지에 염증을 일으킨다. 이제부터라도 치킨무나 단무지의 톡 쏘는 식초 맛의 유혹으로부터 벗어나야 한다.

내 아이의 건강을 생각하는 주부라면 식초를 고를 때 신중에 신중을 기해야 한다. 마트에서 시판되는 식초를 구매하지 말기를 바란다. 다소 비싸더라도 유기농 업체나 식초의 장인이 직접 판매하는 질 좋은 천연식초, 양조 식초를 구매해서 사용하기를 권유한다.

약이 되는 매운맛, 독이 되는 매운맛

우리나라 사람들은 매운맛을 즐기는 민족이다. 그렇더라도 어린아이에게 매운맛을 일부러 먹이는 부모는 없다. 특히 주의해야 할 점은 김치나 고추장처럼 일상에서 매일 먹는 음식이다. 마트에서 판매되는 일부 김치나 고추장에는 중국산의 저질 고춧가루, 발색제, 농축 캡사이신을 넣어서 유통되는 제품들이 더러 있다. 이런 제품을 구입해서 김치를 물에 헹구어 아이에게 싱겁게 먹인다고 해서 안전할 리는 없다. 유명인의 이름으로 통신 판매되는 양념장의 식품 표기에 중국산 고춧가루와 고추장, 정제염, 시럽 등이 버젓이 적혀 있는 걸 보고 놀란 적이 있었다.

적어도 김치와 고추장만큼은 좋은 재료를 구입하여 집에서 직접 만드는 것이 최선이다. 양념장이나 비빔장을 만들어 아이를 위한 요리를 할 때에도 고추장, 고춧가루, 설탕 등의 재료에 신중해야 한다. 집에서 직접 담근 김치나 고추장이 없다면 역시 마트 제품보다는 유기농 업체에서 구입하는 것이 안전하다. 매운맛은 그 자체가 유해하지 않다. 오히려 매운맛은 오미의 중요한 맛의 하나이다. 다만 아이에게 매운맛의 음식을 먹일 때에는 연령대를 고려하여 조금씩 매콤한 맛을 길들이는 것이 바람직하다.

약이 되는 짠맛과 독이 되는 짠맛

요즘은 간을 짜게 하기보다는 싱겁게 하려는 주부들이 많아졌다. 짠맛이 강할수록 소금 섭취량이 늘어나서 고혈압과 신장 기능에 좋지 않다는 인식 때문이다. 매운맛과 함께 짠맛은 우리 민족이 선호하는 자극적인 맛이다. 음식을 지나치게 짜게 먹는 습관은 확실히 좋지 않다. 그런데 소금에 따라서 짠맛이 강한 소금이 있고 짠맛이 덜한 소금이 있다는 사실을 먼저 알아야 한다. 이 구분은 결코 어렵지 않다. 먼저 설탕을 비교해 보자. 설탕 중에서도 백설탕은 단맛이 강하고 원당은 단맛이 덜한데 그 이유는 백설탕은 정제 과정을 거쳐 단맛만 추출하였기 때문이다.

소금도 설탕과 원리가 같다. 정제염은 짠맛이 강하고 천일염은 짠맛이 덜한데 그 이유는 정제염은 정제 과정에서 짠맛을 내는 염화나트륨의 순도가 99%나 되기 때문이다. 천일염의 염화나트륨의 농도는 그보다 훨썬 낮은 수준이다. 그러므로 소금을 구입할 때에는 짠맛이 강한 정제염을 구입하지 말아야 한다. 맛소금과 꽃소금은 모두 정제염이다. 정제염은 소금 중에서 피해야 할 1순위이다. 짜게 먹거나 싱겁게 먹는 취향보다 더욱 중요한 것은 질 좋은 소금의 선택이다. 질 나쁜 소금은 짜게 먹든 싱겁게 먹든 좋지 않다. 의외로 소금만큼 식품 표기가 부정확한 제품도 드물다. 그만큼 질 좋은 소금을 선택하는데 상당한 어려움이 있다. 소금은 반드시 국산 천일염을 구입하되 환경오염물질로부터 안전하려면 3번 이상 고온에서 구운 소금이 안전하고 짠맛도 덜하다.

좋은 소금도 지나치게 짜게 먹으면 좋지 않다. 한편 지나친 저염식도 결코 바람직하지 않다. 저염식을 하는 사람은 거의 저나트륨증으로 자주 피곤해하고 무기력해질 수가 있다. 저염식이 지나치면 소금에 풍부한 미네랄을 섭취하지 못하게 된다. 또 염소의 섭취가 부족하면 위액 생성이 잘 안 되어 위장장애가 생기고, 배에서 물소리가 출렁출렁 나게 된다. 아이의 음식도 염분을 적절히 조절하여 먹이는 것이 좋다.

간장은 메주와 천일염으로 직접 담근 집간장이나 질 좋은 양조간장이라야 좋다. 시중의 모조양조간장, 혼합간장, 산분해간장은 저품질의 간장이므로 사용하지 말아야 한다. 양조간장과 모조양조간장은 만드는 방법과 재료에서 확연히 차이가 난다. 질 좋은 양조간장은 국산 콩과 밀, 천일염을 재료로 해서 특정 균주만으로 발효하여 만든다. 반면에 모조양조간장은 탈지대두, 수입 정제밀을 사용하기에 감칠맛이 부족하므로 여기에 MSG, 액상과당, 주정, 감초추출물, 정제염, 합성 보존료와 같은 다양한 첨가물을 넣는다. 양조간장을 구입할 때에는 식품 표기에서 이와 같은 차이를 꼭 살펴보아야 한다. 혼합간장은 양조간장에 산분해간장을 섞은 간장으로 산분해간장과 함께 염산으로 만든 저품질의 간장이다. 양조간장을 구입할 때에는 유기농 매장이 아니라도 좋은 재료로 발효 과정을 제대로 거친 양조간장이나 국간장을 구입하는 것이 안전하다.

약이 되는 쓴맛과 독이 되는 쓴맛

쓴맛을 일부러 좋아하는 아이는 없다. 쓴맛은 본능적으로 아이나 어른이나 기피하는 맛이다. 하지만 쓴맛이야말로 식생활에서 결코 소홀히 해서는 안 될 중요한 맛이다. 쓴맛을 지나칠 정도로 기피하면 의외의 영양결핍증이 생긴다. 쓴맛은 대부분 나물의 맛인데 쓴맛이 없는 나물은 많지 않다. 나물에는 완전체 오총사인 비타민, 미네랄, 효소, 식이섬유, 항산화성분이 풍부한데 나물을 기피하면 이 성분들이 지속적으로 결핍된다. 쓴맛이 싫다고 해서 오총사를 포기하는 것은 건강에 큰 손실을 입힌다. 쓴맛의 섭취가 결핍되면 몸에서 크고 작은 염증이 수시로 생기고 종양이나 혹이 생기기 쉽다.

아이에게 쓴맛을 단독으로 먹이기는 쉽지 않다. 쓴맛을 줄이되 쓴맛이 나는 나물의 영양 성분만큼은 제대로 섭취하는 방법이 있다. 나물을 말려서 분말로 가루를 내면 훌륭한 천연 조미료가 된다. 나물에 따라서 쓴맛이 강한 나물은 끓는 물에 한번 데치거나 하룻밤 물에 담그면 쓴맛이 많이 중화된다. 이렇게 분말로 만든 천연 조미료를 국이나 찌개, 반찬 요리에 소량씩 넣고 멸치, 다시마, 표고버섯 가루와 같은 풍미가 좋은 조미료를 곁들이면 쓴맛이 해결된다. 이렇게 쓴맛 나는 나물의 영양소를 보충하면서 차츰 아이가 나물을 먹을 수 있도록 도와주자.

06

해독 식단의 70 : 15 : 10 : 5의
비율을 습관화하자

독이 되는 음식을 줄여나가자

어머니들은 항상 한 끼 식사를 준비하는 것이 고민이다. 밥, 국, 찌개, 반찬으로 매번 식단을 차린다는 것이 결코 쉬운 일은 아니다. 더구나 아이의 질병을 고치기 위해 식이요법을 병행하려면 가장 고충을 겪는 당사자는 어머니이다. 아토피피부염으로 치료를 받았던 초등학생이 있었다. 아토피를 치료할 때에는 식이요법으로 가공식품, 식품첨가물과 함께 동물성 단백질인 육류, 계란, 유제품, 흰살생선을 제외한 어패류 등을 피해야 한다. 한 달 만에 그 아이가 다시 내원을 하였는데 다행스럽게도 아토피 증상은 70% 이상 호전되어 있었다. 그러면서 어머니의 얘기가 고기나 우유는 약간씩 먹였다고 솔직히 고백하였다. 대신에 유기농 업체에 가서 질 좋은 고기와 저지방우유를 구입했다고 한다. 아토피의 원인이 복합적이긴 하지만 음식이 차지하는 비중은 상상외로 높은 편이다. 독이 되는 음식을 줄이면서 아토피 치료를 하면 치료 경과가 훨씬 좋아진다. 그렇더라도 위의 사례처럼 성장기 아이들은 육류나 유제품을 완전히 끊기가 현실적으로 매우 어렵다.

　게다가 어린이집, 유치원, 학교 등의 급식도 해독의 관점에서는 안전하지 못하다. 물론 극소수의 교육기관에서는 질 좋은 유기농 식재료와 양념으로 급식을 한다. 반면 대부분 위탁으로 운영되는 교육기관의 급식은 영양식이긴 하지만 해독의 관점에서 건강에 좋은 식단이라고 할 수는 없다. 여기서 영양식이란 5대 영양소의 비율과 칼로리를 맞춘 식단이라는 의미이다. 급식이나 외식의 문제점은 식재료나 양념의 선택에서 가공식품과 식품첨가물의 비율이 꽤 높은 편이다. 어머니가 직접 요리해서 주는 식사가 아닌 외부에서의 식사는 항상 이 점을 유의해야 한다.

　오늘날 육아를 위한 건강한 식단은 5대 영양소의 비율과 칼로리만 맞추어서는 곤란하다. 아토피, 소아천식, 알레르기비염, ADHD, 자폐증, 성조숙증, 소아비만 등은 결코 못 먹어서 생긴 질병이 아니다. 음식을 잘 먹이되 질 좋고 안전한 식품이어야 병을 예방하고 치료에 도움되는 건강한 식단이 된다. 이를 쉽게 요약하면 우리 아이들에게 영양이 되는 음식과 약이 되는 음식을 먹이자는 것이다. 이제부터는 식단에서 가급적 독이 되는 음식을 줄여나가야 한다. 독소가 함유된 음식을 줄이면 건강하고 안전한 식품이 된다.

해독을 위한 식사의 황금 비율

아토피, 천식, 비염을 뿌리뽑고 싶다면 식단을 건강하게 바꾸어 보자. ADHD, 자폐증과 같은 뇌 기능장애도 식단부터 바꾸는 발상 전환을 해보자. 성조숙증이 걱정된다면 어려서부터 안전한 밥상으로 바꾸자. 소아비만이야말로 밥상의 독을 없애는 데서 출발해야 한다. 여기서 강조하려는 식단은 균형식을 보다 더 응용한 방식의 식단이다. 식품을 분류하는 방법은 다양한데 해독 식단을 위해서는 편의상 곡류, 채소류, 해조류, 견과류, 과일류, 육류, 유제품, 어패류, 가공식품과 식품첨가물 등으로 분류한다. 보편적으로 음식을 골고루 섭취해야 건강해진다고들 한다.

그러나 독이 되는 음식을 줄이고 몸에 좋은 약이 되는 식단이 되기 위해서는 황금 분할을 해야 한다. 일명 '식사의 황금 비율'이다. 황금 비율에서 최우선적으로 요구되는 조치는 독이 되는 음식부터 줄여나가는 것이다. 그 첫 번째 식품은 당연히 가공식품과 식품첨가물이다. 식탁에서 가공식품과 식품첨가물을 없애기란 거의 불가능하다. 하나하나씩 줄여간다는 생각이 더 현실적이다. 이때 자녀에게 무조건 이 음식은 해가 되니 먹지 마라는 식의 강요는 좋지 않다. 부모인 엄마 아빠가 먼저 실천하는 마음자세가 중요하다. 부모가 실천하면 아이들은 따라오기 마련이다.

필자는 스스로 라면을 끊겠다고 가족에게 말했다. 그 이후로 놀랍게도 우리 집에서는 어느 누구도 라면을 먹지 않고 있다. 아내 역시 라면을 사는 일이 없어졌다. 딸들에게 라면을 먹지 말라고 강요하지도 않았다. 또 하나의 변화는 집에서 가끔 먹던 시리얼도 아이들 스스로 먹지 않고 있다. 이 책을 집필하는 기간에 필자의 집에서는 시리얼이 사라졌다. 딸들이 시리얼을 먹지 않는 것만으로도 대견스럽다. 스스로 먹지 않는다는 사실이 중요하다고 본다. 결론적으로 가공식품의 섭취 비율은 5~10% 이내로 줄이는 게 바람직하다. 치료를 해야 하는 환자일수록 가공식품은 더욱 줄여야 한다.

다음으로 육류와 유제품은 하루 식사량의 5~10%의 비율로 섭취하기를 권장한다. 육류와 유제품의 비율이 낮은 이유는 독소의 생성이 많은 식품이기 때문이다. 육식을 자주 즐기다 보면 독소의 생성이 증가하는데 직접적인 증거로 배변 상태가 나빠진다. 시중의 유제품은 장 기능을 좋게 한다고 광고하지만 실제로는 그렇지 않다. 대신에 같은 동물성식품이어도 생선과 해물은 15~20%를 섭취하도록 권한다. 이렇게 되면 동물성식품의 비율이 20~30% 정도는 된다. 혹시 육류와 유제품을 완전히 유기농식품으로만 구입하는 것이 가능하다면 비율을 더 높여도 된다. 이때는 생선의 비율을 조금 낮추어서 전체적인 비율은 역시 20~30% 선에서 유지한다.

육류가 무조건 나쁘다거나 고기에 포화지방산이 많다는 말은 잘못된 속설이다. 오히려 돼지고기, 닭고기에는 불포화지방산이 포화지방산보다 함유량이 높다. 육류의 유해성 여부를 좌우하는 가장 큰 관건은 사료를 목초, 곡물 사료, GMO 곡물 사료 중에서 무얼 먹이는가와 항생제, 성장촉진제 주사의 여부이다. GMO 옥수수 사료로 키운 가축은 오메가-6 지방산이 과도하게 축적되어 항산화력이 약해지고 지방 대사가 나빠진다. 지방은 체온 유지에 필수 성분으로 추운 지방에서는 지방 섭취를 늘려야 하고 더운 지방에서는 줄여야 한다. 지구온난화로 아열대기후로 바뀐 우리나라에서는 육류 섭취를 줄이는 것이 바람직하되 추운 계절에는 질 좋은 고기의 섭취를 늘리는 게 좋다. 고기는 샤브샤브, 수육, 삼계탕의 형태로 먹는 것이 좋고 직화구이로 먹을 때에는 지나치게 태우지 않도록 주의해야 한다.

곡류, 채소류, 해조류, 견과류, 과일류는 통틀어서 식물성식품이다. 식물성식품을 70% 선까지 유지하는 것이 가장 건강한 식단이다. 식물성식품에도 단백질과 지방이 풍부하다는 점을 잊지 말아야 한다. 식물성 식품의 최대의 장점은 거의가 독소를 생성하지 않는다는 점이다. 식물성식품은 독이 되는 음식이 아니라 영양과 약이 되는 음식이다. 모든 알칼리식품은 식물성식품이다. 식물성식품은 체내의 활성산소를 없애주는 항산화 성분이 풍부하다. 식물성식품이야말로 장내 환경을 이롭게 하고 간을 도와주며 혈액을 깨끗하게 하고 면역세포를 강하게 하며 뼈를 건강하게 하고 뇌를 맑게 해준다. 결론적으로 식물성식품, 어패류, 육류와 유제품, 가공식품의 황금 비율은 70% : 15(~20)% : 10(~5)% : 5(~0)%의 비율이다.

생식, 화식, 가공식 그리고 발효식

음식은 조리하는 방식에 따라 생식, 화식, 가공식, 그리고 발효식으로 분류된다. 생식은 인류가 원시적인 수렵 생활을 할 당시에 먹던 최초의 식사법이었다. 그 당시 원시인들은 현대인들보다 어금니를 비롯한 치아가 더 발달하고 위장 기능도 튼튼하였다. 지금도 아프리카나 남아메리카 원주민들에게는 원시적인 식생활의 형태가 남아 있다. 이들 원주민들은 자연 상태의 먹거리를 위주로 먹기에 장이 매우 건강하여 배변량이 1일 평균 600g 이상이라고 한다. 현대인들의 평균 배변량인 200g과는 비교가 되지 않는다.

그러던 인류가 불을 발견하고 정착과 농경 생활을 하면서 자연스럽게 화식이 발달하였다. 농경 생활은 풍성한 먹거리를 제공하였기에 인류는 기아 상태에서 벗어나게 되었다. 하지만 예기치 못한 영양실조 현상이 발생하였는데 원인은 미네랄 결핍이었다. 일정한 농경지에서 해마다 농사를 짓다 보니 토양의 미네랄이 극도로 부족해지고 이는 고스란히 식물의 미네랄 결핍으로 이어진 것이다. 이때 인류가 찾아낸 미네랄 보충법이 소금이었다. 소금의 가장 중요한 기능은 미네랄 보충이다. 질 좋은 소금에는 나트륨, 칼륨, 칼슘, 마그네슘의 4대 미네랄 외에도 80여 가지의 미네랄이 풍부하다.

소금의 역사와 함께 발달한 것이 발효식품이다. 발효식품은 저장성과 보존성도 뛰어나지만 발효 과정을 통하여 각종 비타민, 미네랄, 유기산, 생리활성물질이 생성되는 영양의 보고이다. 포도주, 빵, 요구르트, 식초 등 발효식품의 기원은 대략 기원전 6~4천 년 전까지 거슬러 올라간다. 우리나라의 전통 발효식품인 된장, 청국장, 김치는 삼국시대에 이미 시작되었다. 발효식품은 지금으로부터 100여 년 전 식품과학의 발달로 인한 가공식품의 출현과 함께 완연히 내리막길로 들어섰다. 냉장 및 냉동 시설, 캔이나 병으로 된 식품, 방부제의 개발은 발효식품의 단점인 긴 공정과 비싼 인건비, 보관의 어려움 등을 일거에 해결해버렸다. 가공식품은 가공업자들에게는 황금알을 낳은 거위요, 소비자들에게는 편리함을 주었다. 모든 문명 산물들의 공통점은 편리함이다.

발효식품과 발효양념

가공식품은 발효식품이 설 자리를 빼앗아버렸다. 발효식품이 차지하던 모든 자리에 가공식품이 대신 자리를 차지하였다. 발효식품으로 양념을 하던 자리도 식품첨가물이 가득한 가공 양념이 대신해버렸다. 오늘날 음식의 조리법에 따른 생식, 화식, 발효식, 가공식을 다시 돌이켜 보자. 우리 가정의 식탁을 차지하고 있는 음식이 어떤 조리법으로 만들어진 것인지 보았으면 한다. 발효식품과 생식 재료가 줄어들수록 영양과 건강에서 멀어지는 식단이다.

한때 생식이 전국적으로 유행한 적이 있었다. 지금도 생식 애호가들은 꾸준히 생식 제품으로 건강을 유지하고 있다. 원래 생식의 의미는 각종 야채와 과일을 날것 그대로 먹는 것이다. 하지만 농작물의 재배조차 농약과 화학비료 등에 의해 오염되면서 질 좋은 생식의 수요층이 생기게 되었다. 녹즙도 역시 생식의 한 형태이다. 최근에는 녹즙 대신 해독주스라는 또 다른 이름으로 유행하고 있다. 어찌되었든 생식이 몸에 좋다는 인식이 확산되는 것은 바람직한 현상임에는 틀림없다.

양념의 대부분은 발효식품으로 만들어진다. 고추장, 간장, 양념장, 식초 등은 일상생활에서 사용 빈도가 매우 높은 발효식품이자 양념이다. 김치, 된장, 청국장, 장아찌류, 젓갈류, 각종 발효액 등의 발효식품과 발효양념은 지금도 우리네 식탁의 주메뉴이다. 한국인의 밥상에서 발효식품이 빠진 식단은 상상하기 힘들다. 유감스럽게도 이 발효식품마저도 가공된 발효식품이 많이 유통되는 실정이다. 발효식품이 가공업자에 의하여 가공되면 패스트푸드에 맞먹는 양의 식품첨가물이 섞인다. 겉으로는 분명히 발효식품이지만 속 내용물은 전혀 다른 허울뿐인 발효식품으로 둔갑한다. 안전한 먹거리를 위해서는 집에서 좋은 재료로 발효식품을 직접 만들거나 여건이 안 되면 유기농 업체에서 만든 발효식품을 이용하는 것이 좋다.

식사의 황금 비율에서 식물성식품이 가장 중요하지만 식물성 식품의 기본은 발효식품과 발효양념이다. 발효식품은 모든 음식의 기본이 되는 식품이기도 하다. 밥, 고기, 생선 등은 주로 화식으로 요리한다. 인류의 위장 구조는 화식을 하지 않으면 탈이 날 정도로 약해져 있다. 하지만 화식은 영양소의 일부가 파괴되는 것을 피할 수 없다. 영양을 연구하는 영양학자들 중에는 화식으로 인한 일부 영양소의 파괴를 우려하기도 한다. 그리고 이에 대한 대안으로 영양소를 완전히 갖춘 생식을 권장한다.

　발효식품은 생식의 단점까지도 보완한다. 자연의 식품이 발효의 과정을 거치고 나면 생식보다 소화 흡수가 용이한 형태로 변한다. 발효식품을 먹고서 탈이 나는 예는 거의 없다. 김치, 된장, 청국장, 무말랭이, 양파장아찌, 젓갈, 요구르트, 천연 효모빵과 같은 발효식품은 위장이 약한 체질의 사람이 먹어도 별 탈이 없다. 발효식품에는 생식에는 없는 유익균과 유용 성분까지 함유되어 있다. 발효식품과 발효양념을 식단의 기본으로 하면 가장 안전하고 건강한 식단이 된다. 식사의 황금 비율을 지키면서 발효식품을 잘 활용할 때 내 아이의 성장, 면역, 발달 상태는 지금보다 한층 개선된다.

07

아이의 해독은
'2당 1락'이다

해독의 포인트는 '2당 1락'

입시와 관련한 유행어에 '4당 5락'이라는 표현이 있다. 4시간 자면 합격하고 5시간 자면 불합격한다는 이 말은 이제 진부하다. 요즘은 '3당 4락'이라고 한다. 3시간 자면 합격하고 4시간 자면 불합격한다는 표현이다. '4당 3락'이라는 말도 있다. 초등학생이 선행학습으로 남들보다 4년은 앞서가야 대학에 합격한다는 뜻이다. 반대로 '5당 4락'이라고도 한다. 입시생에게 5천만 원을 투자하면 합격하고 4천만 원을 투자하면 불합격한다는 신조어이다.

다소 과장되고 자조 섞인 이 표현들은 입시의 세태를 그대로 반영해 준다. 해독을 연구하다 보니 여기에 걸맞은 표현이 떠올랐다. 아이의 해독은 '2당 1락'이라고 말하고 싶다. 하루에 약이 되는 음식으로 2끼를 먹으면 해독이 되어 건강해지고 1끼만 먹으면 독소가 쌓여 병이 된다는 표현이다. 물론 매 끼니를 해독에 좋은 음식으로만 먹을 수 있다면 최상이겠지만 현실에서 3끼를 해독 음식으로만 먹기에는 거의 불가능하다. 그렇다면 최소한 음식에 들어 있는 화학적인 유해성을 예방하고 몸 안에 독소를 쌓지 않으려면 적어도 2끼는 해독에 좋은 음식을 섭취해야 한다.

이 기준은 '병 아닌 병'이 있는 아이라면 누구나 실천하는 것이 좋다. 여기서 '병 아닌 병'이란 병원 검사에서는 당장 치료를 요하는 질병이 없다고 하더라도 평소 아이의 체력이나 면역력이 약하고 과민성 체질이며 성장이 부진한 상태를 말한다. 또 어떤 질병으로 치료를 받는 아이라고 하더라도 막상 3끼를 철저하게 해독 식단을 따라 할 수 있는 아이가 많지 않으므로 이런 아이들도 최소한 2끼는 해독 식단을 하라는 의미이다.

'2당 1락'을 꾸준히 실천하라

유치원이나 초등학교에 다니는 자녀가 '2당 1락'을 구체적으로 실천하는 방법은 무엇일까? 우선 약이 되는 식단과 독이 되는 식단을 '정확히' 구분할 수 있어야 한다. 해독을 위해서는 유해성이 있는 음식에 관하여 정확한 안목을 길러야 한다. 그러자면 가장 관건이 유치원과 학교의 급식

현황이다. 유치원과 학교의 급식이 친환경 식재료와 양념으로 안전한 먹거리인 것이 확인되면 비교적 '2당 1락'을 실천하는데 어려움이 적다. 그렇지 않고 해독 식단으로 안전한 먹거리가 아니라면 급식을 외식과 동일하게 인식하여야 한다.

외식은 맛있는 음식이긴 하지만 해독 식단으로서는 안전 식단이 아닌 독이 되는 음식에 속한다. 따라서 친환경 식재료나 양념을 쓰지 않는 급식이라면 약이 되는 음식으로 보기는 어렵다. 월요일에서 금요일까지 주 5일을 급식을 해야 하는 유치원생과 초등학생이라면 이런 사정에 의해 아침 식사와 저녁 식사를 안전한 식단으로 준비해야 한다. 그러므로 주중에는 아침을 간편한 인스턴트식품으로 때우거나 저녁에 외식하는 것은 피하는 것이 좋다. 가족끼리의 외식 역시 아이가 급식을 하지 않는 주말 시간대에 한 끼를 선택하면 무난히 '2당 1락'을 실천할 수가 있다.

다음으로 '2당 1락'의 해독 식단을 '꾸준하게' 실천하여야 한다. 해독은 그동안 몸 안에 쌓였던 독소를 정화함으로써 건강을 회복하기 위한 구체적인 치료이자 예방법이다. 해독이라는 방향이 맞았다면 그다음은 시간과의 싸움이다. 독소가 몸 안에서 빠져나가는 데에는 단시일이 아닌 일정 기간의 시간을 요한다. 해독의 효과가 구체적으로 나타나기까지는 꾸준한 실천이 있어야 한다.

환자에게 운동을 권유하면 대다수의 분들이 이미 운동을 하고 있다고 한다. 그러면 운동을 어떻게 하고 있느냐고 재차 물어보면 대개가 주 2~3회, 30분 정도 한다고들 한다. 이는 운동을 안 하는 건 아니지만 운동의 효과가 신체 건강으로 이어지기는 어렵다. 쉽게 말해 하루는 운동을 하고 하루는 운동을 하지 않는 식의 징검다리 운동을 하다 보니 운동 후의 효과가 나타날 리 만무하다. 시간 역시 하루 30분은 워밍업을 하다가 끝내는 식이다. 밥을 지을 때 뜸을 들이다 말고 불을 끄는 식이니 설익은 밥이 될 수밖에 없다. 건강에 좋은 운동이 되기 위해서는 주 5회, 하루 1시간 전후의 걷기 운동을 꾸준히 하는 것이 가장 효과적이다. 해독 식단도 정확한 식단으로 꾸준히 2끼 이상을 실천해야 한다. 그렇게 하다 보면 어느 날부터 몸에 해독의 긍정적인 신호가 온다. 독소도 꾸준하게 해독을 실천하는 사람 앞에서는 꼼짝을 못한다.

해독 식단의 모범적인 가족 사례

필자에게는 10년 가까이 가족 모두가 단골 환자로 내원하는 한 가정이 있다. 장남인 아들이 초등학교 저학년 무렵 과잉행동에 관한 치료를 받고 좋아지면서 지금도 정기적으로 내원한다. 어느 날 어머니가 본인의 상담을 위해서 내원하였다. 내용인즉 지난 몇 달 사이에 얼굴이 급격하게 붓고 체중이 늘어나면서 극심한 피로감으로 힘들다는 것이다. 배는 임신한 여성처럼 위에서 보면 본인의 발이 불룩한 배에 가려져 보이지가 않았다. 한동안 스트레스를 많이 받을 일이 생겨서 음식을 절제하지 않았는데 특히 밀가루 음식을 많이 먹었다고 하였다.

이 어머니의 증상이 너무나 심하였기에 일단은 2끼가 아닌 3끼를 해독 식단으로 권유하고 발효효소와 발효환약을 처방하였다. 그러자 불과 2주일 만에 체중이 4kg 감량되면서 푸석푸석했던 얼굴의 부기가 쏙 빠졌다. 그렇게 한 달이 경과되니까 피로감도 거의 없어지면서 이제는 살 것 같다고 하였다. 그때가 여름 무렵이었는데 기왕에 몸매를 날씬한 수준으로 만들겠다고 해서 치료를 좀 더 하였다. 그 후에 어느 날 남편을 데리고 왔는데 남편에게는 고지혈증과 당뇨가 있었다. 40대의 남편은 당뇨약을 복용하면서 인슐린 주사도 맞고 있었다. 그 전에도 진료를 받은 적이 있던 분인데 직장에서 퇴근이 늦다 보니 식이요법이 힘들어 치료를 포기한 적이 있었다. 그런데 이번에는 마음먹고 해독 치료를 해 보겠다고 해서 해독약을 겸해서 처방하였다. 그러자 당뇨약과 인슐린을 주사하던 상태에서 혈당이 늘 180mg/dl 수준이었는데 해독 치료를 한 지 단 1주일 만에 100mg/dl로 안정되었다. 당뇨약과 인슐린의 효과가 아닌 해독의 효과였다.

이 어머니는 부부가 해독의 효과를 실감하였기에 그 후로도 꾸준히 해독 식단을 실천하고 있다. 치료가 아닌 예방 기간에는 해독 식단을 2끼만 해도 충분하다. 최근에 그 어머니로부터 들은 소식으로는 남편이 점심 때 직장에서 야채샐러드와 현미 위주로 식사한다는 것이다. 팀장인 남편이 저녁에는 동료들과의 회식이 잦다 보니 점심 식사만큼은 해독 식단을 하겠다고 했다는 것이었다. 성품이 워낙 완고해서 이전만 해도 직장의 상황 때문에 해독 치료는 어렵겠다고 거부했던 분인데 놀라운 태도 변화였다. 거기에다 점심 후에는 동료들과 걸어서 몇 킬로를 매일같이 운동한다고 하니 반가운 소식이 아닐 수가 없었다. 이처럼 해독에 관한

마인드가 바뀌면 실천은 생각보다 어렵지 않다. 아들은 이제 어엿한 중학생이 되었는데 부모가 전혀 걱정하지 않아도 될 만큼 정서적으로 안정적이고 키성장을 위해 식단도 매우 모범적이라고 한다.

해독은 가족 중에서 적어도 누군가 한 명이 구체적으로 효과를 보아야 한다. 어려서부터 워낙 허약하고 심약했던 그 어머니가 남편의 태도를 바꾸게 하는 방법은 말이 아닌 실천이었다. 약골이었던 그 어머니가 아무리 좋은 치료라고 말해도 그 남편은 한 귀로 듣고 한 귀로 흘려들었다. 그 어머니에게 한 가지만 당부했다. 먼저 어머니가 실제로 건강이 좋아져야 남편이 믿을 거라고 말이다. 이 가정은 그렇게 어머니의 건강이 좋아지면서 남편까지 변화된 가정이다. 내 아이가 해독으로 인해 고질적인 병의 뿌리로부터 벗어나기를 원한다면 부모는 말이 아닌 실천으로 보여주어야 한다.

해독이 되면
항산화 지수가 높은
건강한 아이가 된다

아이는 항산화력이 좋아야 한다

사람의 일생에서 면역시스템이 가장 완벽한 시기는 의외로 출생의 순간이다. 출생의 과정은 그야말로 신비하다. 출생 과정에서 아기를 위하여 엄마가 산도에 유산균의 일종인 락토바실러스균을 준비하는 과정은 경이롭기까지 하다. 아기는 산도를 통과하면서 락토바실러스균으로 온몸을 샤워하고 세균 코팅을 하면서 외부에 대한 면역시스템을 갖춘다. 또 락토바실러스균을 먹게 되면 이 균이 아기의 장에 안착하여 장내 환경을 주도하게 된다. 신생아는 핏덩어리이지만 이처럼 안팎으로 완벽한

179

방어 기능을 갖춘다. 이런 일련의 과정을 빗대어 '아기는 항산화 덩어리이다'라는 표현을 한다. 아기는 연약하기 그지없지만 아기를 질병으로부터 보호하기 위한 시스템만큼은 완벽하게 갖추었다는 의미이다.

항산화는 질병에 대항하는 일체의 방어 능력을 포괄적으로 표현하는 단어이다. 달리 표현하면 항병 능력抗病能力이다. 면역이 병원균에 대한 방어 능력이라면 항산화는 그보다 큰 개념이다. 면역 외에도 심혈관 질환, 비만, 뇌 질환, 안과 질환, 위장 질환, 근골격계 질환 등의 모든 병이 항산화와 관련이 있다. 녹슨 못과 윤이 반짝반짝 나는 못을 비교해 보면 이해가 쉽다. 산화 현상으로 완전히 녹슨 못은 쓸모가 없다. 반면에 윤기가 반들반들한 못은 쓰기에 가장 적합하다. 녹이 완전히 제거된 못은 쓰임새가 유용하다.

아이의 건강은 언제든지 항산화력을 잘 유지하는 데 있다. 출생 시에는 락토바실러스균이라는 유산균이 온 몸을 코팅해주었다. 하지만 출생 후 시간이 지나면 서서히 장내에 유해균이 생기고 음식을 통하여 독소가 함께 유입되며 호흡을 통해서도 병원균이 침입한다. 아이는 일생토록 질병과의 긴 싸움을 시작하게 된 것이다. 이때 못이 녹슬지 않듯이 질병 없이 건강을 유지하게끔 하는 것이 항산화력이다. 아이는 항산화력이 좋아야 한다. 그래야 잘 먹고 잘 소화시키며 성장도 하고, 면역력이 좋아지며 정서적으로도 안정감을 유지한다.

항산화라는 단어는 산화의 반대되는 개념이다. 좋은 의미의 산화란 대표적으로 우리 몸 안에서 산소를 이용하여 에너지를 만들어내는 과정이다. 종이에 불을 붙이면 타는 것도 산화의 한 과정이다. 반면에 산소 대신에 활성산소가 지나치게 관여하면 병리적인 과산화 현상이 생긴다. 체내에서 활성산소가 적당할 때에는 백혈구를 도와 강한 살균 작용을 하고 우리 몸을 보호한다. 하지만 활성산소의 양이 지나치면 대사 과정에서 지질을 과산화지질로 바꾸고, 당과 단백질을 변성시키며 세포막과 DNA를 파괴한다. 몸 안의 효소마저도 발암물질로 바꾸어버린다. 그 과정에서 면역 기능 이상, 성장장애, 시력저하, 비만, 고지혈증, 심혈관 질환, 자가면역질환, 암 등 온갖 질병이 생기게 된다.

가공식품과 식품첨가물이 활성산소의 주범이다

아이가 호흡을 하는 과정에서 공기로부터 흡입되는 산소는 모든 대사 과정에 이용된다. 산소는 대사 과정 후에 물과 이산화탄소로 전환되어 이산화탄소는 폐를 통하여 나가고 수분은 소변으로 배출된다. 이때 산소 대신에 활성산소가 대사 과정에 끼어들어 활성산소가 세포와 조직을 파괴하기 시작하면 서서히 질병 상태로 바뀌게 된다. 활성산소가 생기는 요인은 환경오염, 배기가스, 화학물질, 방사선, 자외선, 스트레스, 과도한 운동, 음주, 가공식품과 식품첨가물 등 매우 다양하다. 활성산소의 존재와 그 폐해에 관해서는 그동안 의학계에서 도외시했다. 그러나 질병의 추세가 점점 세균, 바이러스와 같은 병원성균이 아닌 비병원성균 쪽으로 증가하고, 암과 같은 난치병이 늘어나면서 활성산소의 존재가 주목받고 있다. 현대에 와서 활성산소는 세균이나 바이러스보다 인류의 건강을 위협하는 보이지 않는 독소이다. 활성산소는 산소가 있어야 할 자리에 산소를 밀어내고 대신 차지해버린다. 마치 남의 집에 침입해서 주인을 몰아내고 안방을 차지하는 격이다. 산소는 안정적인 상태이지만 활성산소는 매우 불안정하여 어떻게든 세포와 조직, 물질로부터 전자를 빼앗아 안정화하려는 경향이 있다. 그 과정에서 전자를 빼앗긴 정상세포나 물질들은 변성이 되고 또 다른 활성산소를 생성한다.

활성산소가 몸속에서 확산되어 혈관과 세포, 조직을 전반적으로 병들게 하면 아이의 몸은 눈에 띄게 약해질 수밖에 없다. 오늘날 질병의 커다란 특징은 어느 특정 질환이 아닌 신체 전반에 종합적으로 나타나는 경향이 두드러진다. 예를 들면 아토피가 있다가 알레르기비염이 생기고 주의가 산만하며 짜증을 잘 내고, 편식을 하면서 배가 자주 아프고 변비가 생기는 것이다. 병이 복합적으로 생기면 약을 복용해서 어느 한쪽을 치료하더라도 또 다른 질병이 계속 반복된다. 피부의 염증이나 콧물, 코막힘을 일시적으로 해결하는 것이 아니라 항산화력을 회복시키는 근본 치료에 더욱 중점을 두어야 한다. 이 근본 치료가 바로 해독이다.

활성산소의 원인 중에서 호흡을 통한 배기가스나 공해물질도 문제이지만 매일 먹는 음식을 통하여 독소가 유입되는 것이 더욱 문제이다. 우리나라 국민이 먹는 식품첨가물의 양이 월 평균 2kg 이상이라는 사실은 매우 우려되는 상황이다. 하루 평균 70g의 식품첨가물을 먹는다는 얘기이다. 인공재료인 식품첨가물은 체내에서 배출이 잘 안 되는데 이들이 혈관 속으로 돌아다니면서 활성산소로 변한다고 가정해 보라. 식품전문가들에 의하면 시중에서 유통되는 패스트푸드 못지않게 가정에서 요리하는 음식에도 엇비슷한 양의 식품첨가물이 함유되었다고 한다. 음식의 재료와 양념이 어떤 것이냐에 따라 얼마든지 첨가물 덩어리의 음식이 될 수 있다. 이때 가장 큰 피해자는 바로 항산화력이 약한 어린아이이다.

항산화 기능이 뛰어난 식품들

가공식품과 식품첨가물이 활성산소의 주범이라면 항산화 기능이 가장 뛰어난 식품은 무엇일까? 다름 아닌 가공식품과는 정반대의 위치에 있는 자연의 식품에 해답이 있다. 현재까지 연구된 바에 의하면 자연에 존재하는 항산화식품은 크게 효소 계열과 비효소 계열로 나뉜다. 효소 계열로는 SOD^{Super oxide dismutase}, 카탈라아제, 글루타치온 등의 효소 종류가 있다. 비효소 계열에는 비타민 종류인 비타민 C, E와 베타카로틴과 미네랄인 셀레니움, 그리고 파이토케미컬로 불리는 항산화색소^{폴리페놀화합물, 플라보노이드, 안토시아닌, 카로티노이드} 등이 있다.

최근에는 천연의 항산화 성분을 응용한 항산화 제품들이 많이 시판되고 있다. 우려되는 점은 이들 항산화 제품들이 천연 제품이 아니라는 데 있다. 비타민 또는 미네랄 제품이 순수 천연 성분이 아닌 합성물질로 알려지자 최근에는 비타민 C, E, 베타카로틴, 셀레니움 등이 이름만 항산화제로 바뀌어서 판매되고 있다. 천연 제품이 합성물질과 함께 혼합될 때는 이미 천연 성분이 아님에도 식품법상 허용이 되는 실정이다. 항산화 식품은 천연 재료를 날것 또는 요리를 해서 섭취하는 것이 소화 흡수율이나 부작용의 예방 차원에서 가장 좋다.

우리 몸에는 활성산소와 같은 독소를 제거하는 또 하나의 소중한 존재가 있다. 바로 장 속에 거주하는 장내 세균이다. 장내 세균은 몸속으로 침입한 세균과 독소를 제거하고 화학물질이나 발암물질을 분해한다. 또한 장내에서 5천여 종이나 되는 효소를 만들며 비타민, 호르몬의 생성에도 관여한다. 장내 세균이 활동할 수 있는 최적의 환경을 제공해줄수록 유익균의 활동은 더욱 왕성해진다. 장내 세균을 위한 가장 좋은 음식은 잘 알려진 발효식품이다. 서구인들이 발효해서 만든 건강식품이 요구르트인 반면에 김치, 된장, 청국장, 낫또 등은 우리나라를 비롯한 동양인들이 발효해서 만든 건강식품이다. 유산균을 직접 복용하거나 먹이원인 올리고당, 식이섬유도 좋지만 장내 세균에 가장 친화적인 식품은 발효식품이다. 이처럼 항산화력을 회복하기 위해서는 효소와 유익균, 발효식품이 주도적인 역할을 한다. 이들은 활성산소로 인해 체내에 쌓인 독소를 해독하는 식품이자 치료제이다. 자연식품을 이용한 해독이야말로 항산화력을 회복하는 근본적인 치료법이다.

항산화 지수인 AQ를 높이자

뇌에는 3가지 층의 뇌가 있다. 맨 아래에서부터 위쪽으로 가면서 순서

대로 파충류의 뇌, 포유류의 뇌, 영장류의 뇌로 불린다. 파충류의 뇌는 뇌간 부위로 생명유지, 호흡, 체온, 맥박, 식사, 배설, 수면 등의 기능을 조절한다. 포유류의 뇌는 대뇌변연계로 감정, 성욕, 식욕을 조절하며 달리 '감정의 뇌'라고도 한다. 영장류의 뇌는 대뇌피질로 사고, 인지, 판단, 언어 등을 조절한다. 지금까지 알려진 바로는 파충류의 뇌는 하위의 뇌이며 포유류의 뇌에서 영장류의 뇌로 갈수록 고등한 뇌로 인식되어 왔다.

IQ와 EQ가 있다. IQ는 지능 지수이며 EQ는 감성 지수이다. IQ Intelligence Quotient는 1905년 심리학자인 알프레드 비네가 최초로 고안하였다. 그 당시에는 정상아와 지진아를 판별할 목적으로 개발된 프로그램이었다. 그 후 일반인의 지능을 평가하는 스탠퍼드-비네 검사로 업그레이드되어 IQ 검사의 원형이 되었다. 이 검사법은 1970년대 이후 인간의 매우 광범위한 지능을 포괄적으로 표현하지 못한다는 비판을 받았다. IQ가 높은 사람은 대뇌피질, 특히 전두엽이 발달한 것으로 알려져 있다.

EQ Emotional Quotient는 IQ보다 한참 늦은 1990년에 미국의 심리학자 피터 샐로베이와 존 메이어에 의해 이론화되었다. EQ는 IQ와 대조되는 개념으로 자신의 감정을 조절하고 원만한 인간관계를 구축할 수 있는 '마음의 지능 지수'이다. EQ가 높은 사람은 갈등 상황에서 남의 감정을 이해하고 감정을 통제할 줄 아는 능력을 갖추고 있다. 조직 내 팀워크를 중시하는 직장 문화에서 EQ는 IQ와는 또 다른 중요한 평가 척도가 된다. 뇌의 구조상 EQ는 대뇌변연계와 관계가 깊다.

IQ가 지식 차원의 정신 능력이라면 EQ는 감성 차원의 정신 능력이며,

IQ가 지성 능력이라면 EQ는 정서 능력이다. 둘을 비교했을 때 어느 것이 우위라고 할 수는 없다. IQ와 EQ는 삶을 살아가는데 있어서 함께 균형을 이룰수록 바람직하다. 지성과 감성은 잘 조화가 되어야 한다. 그렇다면 파충류의 뇌인 뇌간은 단지 하위 뇌에 불과한 것일까? 그렇지 않다. 뇌간은 먹고 자고 배설하고 호흡하고 체온과 맥박을 조절하는 매우 원초적인 기능을 수행한다. 바로 육체의 건강에 관한 모든 기능을 파충류의 뇌가 담당하고 있다.

지성과 감성이 정신적인 영역인 반면에 뇌간이 조절하는 모든 기능은 육체적인 영역이다. 다시 말해 파충류의 뇌는 신체의 건강과 직결된 뇌인 것이다. 그렇다면 신체의 건강 지수를 무엇이라고 표현하면 적절할까? 개인적인 견해임을 전제하고, 신체의 건강 지수를 항산화 지수 Antioxidant Quotient라고 표현하고 싶다. 항산화는 몸 안의 활성산소와 독소를 제거하려는 신체의 적극적인 반응이다. 또 모든 질병에 대항하는 일체의 방어 능력이다. 항산화 지수인 AQ가 높은 아이일수록 항병 능력抗病能力이 뛰어남을 의미한다. 체내에서 해독 기능이 좋은 아이일수록 항산화 지수가 높은 것은 지극히 당연하다.

IQ, EQ, AQ의 관점에서 볼 때 대뇌피질, 변연계, 뇌간은 어느 영역이 더 중요한 것이 아니라 역할 분담이 절묘하게 되어 있다. IQ에 이어서 한동안 EQ가 강조된 이유는 조직적인 기업 문화에서 요구되는 필요성에 의해서였다. 21세기의 질병은 급성보다는 만성, 병원성균보다는 독소, 한 가지 질병보다는 복합적인 질병 쪽으로 점점 변하여 가고 있다. 이런 질병일수록 임시방편의 처방이 아닌 근본적으로 해독을 통한 항산화력이 좋아져야 병을 이겨낼 수가 있다. 병은 친구 삼을 대상이 아니라 극복해야 할 대상이다. 어린 나이인 소아기에 항산화 지수인 AQ가 높은 건강한 아이로 키우기를 권장한다.

09

약선과 약념이야말로
최고의 해독식이다

약선과 약념

약선은 약藥과 음식膳이 합쳐진 단어로 '약이 되는 음식'이라는 뜻이다. 양념은 '약이 되는 염원을 담은 조미료'라는 뜻의 약념藥念에서 유래한 단어이다. 오늘날의 가공식품, 인스턴트식품, 패스트푸드, 레토르트식품, 식품첨가물 등은 어느 누구도 약선 또는 약념이라고 하지는 않는다. 가공식품과 식품첨가물은 100여 년 전에 식품과학기술이 만들어낸 인공이 가미된 음식이다. 이들 식품은 문명 시대의 산물로 음식 문화에 수많은 편리를 제공해주었다. 그렇지만 이들 식품은 이제 약으로도 고칠 수 없는 새로운 질병을 만들어내고 있다.

스피드가 항상 좋은 것은 아니다. 빠르게 살면 반대로 잃는 것들이 있다. 항상 자가용을 이용해서 다니는 사람은 길가의 풀 속에서 벌어지는 작은 세계를 볼 수 없다. 우리나라는 뭐든지 빨리빨리 만들어내는 능력이 탁월한 민족이다. 중동에 건설 붐이 있던 시절엔 건설 강국의 면모를 유감없이 발휘하였고, 지금은 IT 강국으로 인정받는다. 그러나 그 와중에 각 분야에서 수많은 전통이 너무나 쉽게 사라지고 있다. 오래된 것, 전통적인 것들의 가치가 폄하되면서 쓸모없는 것들로 치부되는 탓이다. 새로운 기술이나 제품은 품질이 우수하고 오래된 기술이나 제품은 품질이 떨어지는 것이라는 인식이 은연중에 배어 있다. 안타까운 것은 음식 문화에서도 이 현상이 매우 두드러진다는 점이다.

어머니가 음식의 전통을 이어가자

주부가 가사의 부담으로부터 해방되는 것은 당연히 환영받을 일이다. 우리의 부모와 조부모 세대에는 여성들이 얼마나 부엌 한 구석에서 소리 없이 울어야 했는지 모른다. 우리나라의 유교 문화에서 권위주의의 가장 큰 피해자는 바로 여성들이었다. 다만 가부장적인 사회로부터 여성의 인권이 자유로워지는 것과 여성이 가사 일을 놓는 것과는 엄연히 구분되어야 한다. 오늘날은 사회 구조적인 변화로 어머니들의 가사 책임이 많이 줄어들긴 하였다. 맞벌이 가정일수록 가장들의 가사 분담이 자연스러워졌다.

　그렇더라도 어머니들이 포기해서는 안 되는 역할 한 가지가 있다. 다름 아닌 음식의 전통을 잘 전수받는 것이다. 음식의 재료를 마트에서 사오는 횟수가 빈번할수록 음식의 질은 떨어질 수밖에 없다. 채소나 과일, 육류, 생선 등은 자급자족하지 않는 이상 당연히 구매를 해야 한다. 하지만 완제품 형태의 식품이나 양념 재료를 직접 만들지 않고 구매하면 그만큼 음식에 가공식품과 식품첨가물의 비율이 높아진다. 어머니의 역할은 본질적으로 가정의 주방을 책임지는 요리사이지 완제품을 사다가 먹이는 대리인이 아니다.

　호텔이나 음식점에서는 주방장이 모든 음식의 재료와 조리를 책임진다. 이와 같은 역할을 가정에서는 어머니가 맡게 된다. 어머니가 어떤 음식을 골라서 어떻게 요리하느냐에 따라 음식의 질은 천양지차가 된다. 도시에 사는 평범한 한 가정의 아침 식탁의 풍경을 상상해 보자. 샌드위치, 가공버터, 시리얼, 우유, 비스킷, 인스턴트 죽이나 수프, 커피 등으로 아침 한 끼를 해결하는 가정이 적지 않다. 이런 음식들은 초스피드 시대에 살고 있는 현대인에게 걸맞은 맞춤형 식품이다. 요즘은 바쁜 직장인을 위해서 편의점에서 판매하는 초간편 인스턴트식품도 굉장히 많다.

　우리나라 사람들은 아침 식사를 간단하게 먹는 편이다. 요즘 점심 식사를 가정에서 해결하는 직장인이나 학생들은 거의 없다. 직장의 구내식당을 이용하거나 아이들은 급식을 이용한다. 대부분 위탁 운영되는 구내식당이나 급식 기관의 음식은 가공식품 아닌 가공식품이다. 이런 단체 급식에는 식품첨가물의 양이 인스턴트식품에 맞먹을 정도로 많은 게 현실이다. 그러니 저녁 식사는 따로 얘기하지 않아도 된다. 이미 하루에 1끼도 아닌 2끼를 인스턴트식품 또는 상당량의 식품첨가물을 먹고 있는 것이다.

초스피드 시대 환경이 낳은 패스트푸드의 음식 문화는 소리 없이 현대인들을 병들게 한다. 의도했든 의도하지 않았든 식생활의 변화는 질병의 지형도를 완전히 뒤바꾸고 있다. 지금 우리나라는 알레르기 환자가 3~4명 중에 1명꼴로 많아졌으며 다음 세대에는 암 환자가 3명 중에 1명이 되는 시대가 올 것이라고 예견한다. 아무리 시대가 바뀌어도 어머니는 주방의 전통을 지켰으면 한다. 어머니가 아니면 할 수 없는 것이 주방의 음식 문화를 고수하는 것이다. 음식이 약선이 되어야 하고 양념이 약념이 되어야 한다는 평범한 진리를 지켜야 한다.

부활하는 슬로푸드, 발효식품

역사는 반복되는 법이다. 영원할 것 같았던 것도 시간이 지나면 시들고 잊혔던 옛것을 다시 찾게 된다. 음식 문화에도 복고풍의 분위기가 감지되고 있다. 패스트푸드에 반대되는 슬로푸드의 부활이다. 한때 천일염이 이 땅에서 완전히 사라질 뻔한 위기가 있었다. 소금업자들에 의해 눈처럼 하얀 정제염이 깨끗하고 질 좋은 소금이고, 천일염은 서해안의 오염과 열악한 환경에서 제조된 질 나쁜 소금으로 왜곡된 적이 있었다. 급기야 1997년 소금 수입이 자유화되고 저질의 값싼 수입 천일염과 정제염, 저나트륨염이 유행하면서 국내 염전의 60%가 문을 닫았었다.

그러던 것이 2000년대 들어 웰빙붐과 함께 천일염이 건강 소금으로 밝혀지면서 다시 인기를 회복하였다. 지금은 누구든지 김장이나 간장을 할 때에는 간수를 완전히 제거한 천일염만을 사용한다. 질 좋은 전통 소금의 한판 승리이다. 다행스럽게도 천일염은 10여 년 만에 명예를 회복하였지만 이처럼 한번 왜곡된 후에 다시 회복하기란 결코 쉬운 일이 아니다. 유명 연예인이라도 이미지가 한번 실추되었다가 회복되려면 얼마나 힘든일인가. 만약 서해안의 염전이 완전히 사라져서 미네랄이 풍부한 국산 천일염이 영원히 사장되었다면 그 손실은 금전적으로 계산할 수조차 없다.

슬로푸드의 대명사는 뭐니 뭐니 해도 발효식품이다. 최근 들어 발효식품을 복원하려는 노력이 한창이다. 우리나라는 여전히 도시화 정책이 계속되고 있지만 그에 반하여 귀농 인구도 점차적으로 늘어나는 추세이다. 이와 함께 김치, 고추장, 된장, 청국장, 간장과 같은 발효식품을 전통적인 방법으로 재현하려는 장인들이 늘고 있다. 더욱이 전통 방법에 새로운 기술을 접목하여 소비자의 입맛과 영양까지도 충족시켜주고 있다. 정부 차원에서도 장인들이 만든 발효식품을 후대에 전승하기 위하여 종균들을 추출 배양해서 종균 은행을 추진 중에 있다. 지금이라도 전통을 보존하고 전통에서 건강을 찾으려는 이러한 노력이 얼마나 다행인지 모른다.

전통 식초, 발효액, 장아찌

전통 식초의 복원 또한 반가운 소식이다. 현재 가정에서 널리 쓰이는 식초는 양조 식초와 합성 식초이다. 직접 만드는 식초로는 감식초 정도만 있다. 그런데 전통 식초가 한때 사장이 될 만큼 맥이 끊겼다는 사실을 아는 사람은 드물다. 전통 식초의 맥이 끊긴 시기는 일제 강점기인 1900년대 초였다. 이때 일제는 강제로 주세령을 만들어 전통주인 가양주를 금지시켰다. 식초는 술로 빚어야 하는데 가양주가 금지되었으니 당연히 전통 식초도 사라지고 말았다. 가양주는 해방 후가 아닌 1988년 서울올림픽 때 '우리 문화 살리기 운동'을 통해서 비로소 정식 허가가 되었다. 전통 식초는 더 늦은 최근에 와서야 극소수의 장인들에 의하여 복원되고 있다. 그보다는 홍초, 흑초와 같은 식초 음료가 시중에서 유행하고 있는데 제조 과정이 투명치 않아서 건강에 좋은 식초 음료로 보기에는 미흡하다. 장인에 의해 정성으로 제조된 전통 식초인 오곡식초와 과일식초가 전통의 고추장, 된장, 청국장처럼 널리 유통되기를 바라는 마음이다. 전통 식초야말로 신맛의 영양을 가진 질 좋은 천연 양념이다.

설탕을 넣어 담그는 발효액은 우리나라보다는 일본에서 시작된 방식으로 당장발효법이라고도 한다. 우리나라에서는 1980년대 사극 드라마에 소개되면서 매실발효액이 전국적으로 유행하게 되었다. 발효액은 효소, 효소발효액, 청 등의 이름이 혼용되고 있는데 발효액이 가장 적합한 용어인 듯하다. 발효액을 담글 때 설탕을 1 : 1에 가까운 비율로 넣어서 설탕절임 논란이 있었다. 발효액을 안전하게 담그려면 발효액 종균이나 발효균주를 사서 투입하는 것이 바람직하다. 또는 설탕을 한꺼번에 넣지 말고 시일에 따라 조금씩 나누어서 넣으면 당도를 훨씬 낮출 수가 있다. 매실발효액을 비롯한 과일 발효액은 어린아이의 반찬 또는 양념 재료로 많이 활용되고 있다.

　장아찌 반찬도 상당히 많다. 장아찌를 만들 때에는 기본적으로 집간장, 양조간장, 식초, 술과 함께 육수를 만들어 혼합한다. 장아찌는 짭조름한 맛이 미각을 살려준다. 장아찌 반찬은 소금의 미네랄 성분을 섭취하는데 매우 중요한 식품이다. 아이들은 맛이 짜면 잘 먹지 못하므로 전통적인 방법으로 만든 장아찌를 먹이기에는 무리가 있다. 이때 육수 대신에 오디, 배, 사과 등의 단맛이 나는 과일 발효액을 이용하면 짜지 않은 장아찌용 양념이 완성된다. 장아찌용 양념으로 각종 장아찌를 만들어두면 아이들을 위한 훌륭한 약념藥念이 하나 추가된다.

이유식의 현주소

이유식과 조제 이유식

생후 4개월 무렵이 되면 아기에게 이유식을 시작한다. 이유식은 아기에게 낯선 음식과의 또 다른 만남이다. 이때 모유 수유와 분유 수유를 하는 아기 중에서 어느 쪽이 어머니가 직접 만든 이유식을 잘 먹을까? 아기가 먹는 최초의 이유식은 아주 연하게 만든 미음이다. 어려운 얘기이지만 개인적으로는 모유 수유를 하는 아기가 더 잘 먹을 것으로 짐작된다. 분유의 단맛에 익숙한 아기가 밍밍한 미음을 선뜻 먹기란 쉽지 않을 듯하다. 모유는 기본적으로 단맛보다는 밍밍한 맛에 가깝다. 아기의 입장에서는 평소 먹어보던 맛과 비슷한 맛을 선호할 것이다. 미음의 맛은 분유보다는 모유에 가깝다. 우리나라 아기에게 쌀로 만든 미음은 유전자에 새겨진 본능적인 맛이라고 표현할 수 있다. 본능적인 맛이야말로 가장 친숙한 맛이다.

이유식을 시작할 때 엄청 애를 먹이는 아기가 있다. 어머니가 아무리 미음을 떠주어도 먹지를 않는 것이다. 이렇게 한참을 씨름하다 보면 결국 어머니가 손을 들게 된다. 이때 조제 이유식을 주면 먹는 아기가 있다. 아기가 조제 이유식을 찾는 이유는 조제 분유의 단맛과 비슷하기 때문이다. 분유와 이유식은 공통적으로 정제당, 단백질가수분해제, 농축과즙, 식염 등의 입맛을 사로잡는 가공의 맛이 혼합되어 있다.

모유를 먹는 아기와 분유를 먹는 아기는 이유기가 되어서도 이처럼 다른 입맛을 보인다. 백일 이전에 감기, 장염 등의 감염이 생기면 면역력 저하와 함께 입맛이

195

더 까다로워진다. 항생제의 복용 여부에 따라 장 기능이 약해지면 이유식 먹이기가 매우 힘들다. 아무튼 조제 이유식은 불가피한 사정을 제외하면 가급적 피하는 게 좋다. 조제 이유식을 권장하지 않는 이유는 잘못된 식습관으로 이어지기 때문이다. 가공의 맛이란 초콜릿, 아이스크림, 빵, 과자에만 있는 것이 아니다. 아기가 매일 먹는 음식인 분유나 조제 이유식에도 분유회사에 따라 많이 함유되어 있다.

배달 이유식의 시대

우리나라의 맞벌이 가구는 이미 전체 가구의 1/3 수준인 500만 가구를 넘어섰다. 그러다 보니 직장맘을 위한 배달 이유식의 수요가 커지고 있다. 배달 이유식은 배달 음식의 또 다른 형태이다. 아기를 대상으로 하다 보니 선택에 있어서 더 꼼꼼할 수밖에 없다. 배달 이유식은 조제 이유식과는 달리 당일 요리된 음식이 직접 배송된다. 어머니가 손수 요리하지 않아도 되고 여러 가지 메뉴 중에서 선택할 수 있는 장점도 있다. 요즘은 분유업체나 기타 기업체에도 배달 이유식을 운영할 만큼 시장 규모가 매우 커졌다. 그럼에도 식품법상 규제와 관리가 철저한 것은 아니다. 작년에는 원산지 표시를 국산으로 하고서 수입품을 사용했다가 적발된 몇몇 업체들도 있었다.

드라마에도 배달 이유식이 등장한 걸 보면 확실히 시대가 변했다. 그만큼 배달 이유식은 앞으로도 아기의 대체 이유식으로 자리를 잡을 것이다. 미국의 모 분유업체는 180종 이상의 다양한 조제 이유식을 시판하고 있다. 곡류를 한 가지 또는 여러 가지를 넣은 시리얼 제품이나 채소, 과일, 육류를 넣은 병 제품과 주스 등 그야말로 종류가 매우 다양하다. 배달 이유식이나 이 업체의 다양한 조제 이유식이나 편리성, 다양성, 영양성 면에서 주부들의 호응도가 높은 편이다.

배달 이유식을 아기에게 먹이면 아기는 어떤 반응을 할까? 아마도 조제 이유식보다 훨씬 맛있게 먹을 것이다. 어머니가 손수 만든 음식보다 더 맛있게 먹을 가능성도 높다. 배달 이유식의 속성상 아기에게 먹였을 때 맛있지 않으면 판매율이 떨어질 수밖에 없다. 음식 맛의 비교 우위가 손맛에서 차이가 나는 시대는 지났다. 맛집의 95%는 순수한 손맛이 아닌 화학조미료^{MSG}, 단백질가수분해제, 식염에 의해서 결정이 난다고 해도 과언이 아니다. 그러면 아기 이유식은 어떨까. 예를 들어 같은 메뉴로 만든 배달 이유식과 어머니의 이유식을 아기에게 먹였을 때 아기가 배달 이유식을 더 찾는다면 그 이유는 순전히 식품첨가물의 위력에 있다. 그만큼 오늘날의 식품은 가공식품이나 식품첨가물의 마법에 굴복당하고 있다.

조제 이유식이나 배달 이유식이 무조건 안 좋은 것은 아니다. 그러나 가공식품인 조제 이유식이나 영양사가 식사 처방을 해서 요리한 배달 이유식에도 태생적인 한계가 엄연히 있다. 그 한계성을 어디까지 인정하느냐에 따라 선택을 할 수도 있고 선택하지 않을 수도 있다. 어른에 비하여 아이는 질병의 원인으로 식품이 차지하는 비중이 훨씬 높은 편이다. 식품이라 하더라도 과거처럼 상한 음식을 먹고 식중독이나 감염을 일으키는 질병은 거의 없다. 분명히 위생적으로는 상태가 양호한 식품을 먹고 있는데 알레르기, 발달장애, 자폐증, 성조숙증, 소아비만, 자가면역질환, 소아암 등의 질환이 증가하고 있다. 이는 위생법상의 위생 불결이 아닌 식품법 안에서 벌어지는 여러 가지 반칙에 의한 질병들이다. 어머니 스스로가 내 아기의 건강 파수꾼이 되어야 한다.

이유식의 해독법

이유식을 할 때에는 우선 메뉴가 중요하다. 예전에는 미음부터 시작해서 곡류를 먹이고 그다음 과정에서 과즙을 추천했다. 요즘은 과즙보다 먼저 야채, 고기를 먹인 후에 과즙을 먹이는 순서로 진행한다. 순서가 이런 식으로 진행되는 것도 역시 과일의 단맛에 먼저 길들여지지 않기 위한 배려다. 아기의 입맛을 길들이는 게 얼마나 중요한지 아무리 강조해도 지나치지 않다. 이유식 책자에는 소고기를 매일 먹이라고 하지만 아기의 장 기능과 아토피 예방을 위해서는 육식의 횟수를 1주일에 2~3회로 하는 것이 적당하다. 또 한 번에 한 가지씩 먹이면서 점차적으로 몇 가지 음식을 섞어서 먹이는 게 좋다. 젖병에 주는 것보다 숟가락으로 떠먹이는 것이 턱의 발달을 위해서도 중요하다. 두뇌의 발달은 손과 발이 각각 25%이지만 턱은 무려 50%나 영향을 미친다고 한다.

이유식을 먹일 때 제일 중요한 것은 가공식품이나 식품첨가물을 최대한 배제하는 것이다. 집에서 요리할 때 사용하는 양념의 선택 또한 같은 맥락에서 매우 중요하다. 양념을 잘못 선택하면 아기에게 첨가물 덩어리를 먹이게 된다. 된장, 간장, 설탕, 소금, 식용유, 식초 등 양념의 올바른 선택이야말로 가공식품이나 식품첨가물과의 전쟁에서 이기는 비결이다. 이유식이란 젖을 떼기 위해 먹는 음식이다. 이유기도 젖을 먹던 방식에서 서서히 벗어나서 고형식을 먹이기 위해 시도하는 기간을 의미한다. 우리나라 아기에게 최적화된 최초의 이유식은 누가 뭐래도 미음이다. 아기의 장내 환경을 고려하면 서구인들은 유산균이 많은 유제품을 먹일 것이다. 하지만 우리나라 아기에게는 쌀로 부드럽게 만든 미음이 최고이다.

미음과의 궁합에 가장 맞는 음식은 부드럽게 만든 된장국이다. 미음이 쌀을 아주 연하게 만든 음식이라면 된장국도 미음처럼 간을 맞추면 된다. 요즘 주부들은 우리의 전통적인 된장보다 맛이 부드러운 미소 된장국을 주기도 한다. 하지만 시중의 미소된장을 구입해서 성분 표시를 보면 그리 안심할 수 있는 재료가 아님을 알 수 있다. 반면에 전통 된장은 만드는 과정에서 소금이 꽤 들어가지만 아기의 된장국에는 소량 넣으면 걱정할 수준의 염도는 아니다. 우리나라의 된장과 청국장은 세계적인 발효식품으로 결코 손색이 없다. 어른에게 좋은 음식이 아기에게도 좋은 음식이다. 아기에게 먹일 때는 염도가 미미할 정도로 연하게 간을 하면 안성맞춤이다.

우리나라 아기에게 쌀과 오곡으로 만든 미음과 연한 된장국은 최고의 이유식이다. 된장에는 무려 800여 종의 유산균이 함유되어 있다는 것을 아는 사람은 많지 않다. 그러므로 유제품이 아니라도 이미 유산균이 들어간 음식으로서의 된장은 우리나라 아기에게 더 없이 좋은 프로바이오틱스이다. 첫 아기를 낳아 이유식을 할 때에는 아기보다 초보 어머니가 더 서툴고 당황해한다. 이유식 메뉴를 들고서 하루하루 전전긍긍하며 먹인다. 아기의 똥이 조금만 바뀌거나 감기 기운이 있어도 당황의 연속이다. 이에 비해 자녀를 셋 낳은 어머니는 별로 당황하지 않는다. 메뉴도 잘 보지 않는다. 그러면서 집에 있는 음식으로 그때그때 대충 이유식을 만들어 먹인다. 그런데도 아기는 주는 대로 잘 받아먹고 편식도 하지 않는다.

이유식을 단계적으로 진행하면서 토속적인 음식을 자주 먹이는 것이 매우 바람직하다. 이유식은 아기에게 필요한 영양과 부드러운 질감과 맛을 고려하여 스케줄대로 먹인다. 여기에 더하여 집에서 만든 다양한 발효식품인 김치, 물김치, 무김치를 먹이되 짠맛을 줄여서 먹이면 더욱 좋다. 최근에는 생후 1세 이전에 이유식을 하면서 간을 절대로 하지 말라는 소아과 지침이 있다. 소금을 먹이면 안 된다거나 자극적인 맛에 길들이지 말라는 의미의 지침인 셈이다. 그렇다고 해서 발효식품인 김치나 된장

마저 숫제 포기한다면 귀중한 영양을 그저 잃는 것이다. 김치나 된장에서 짠맛을 거의 제거하고 요리를 해서 먹이면 문제될 것이 없다.

이제는 영유아기의 아기가 잘 먹어서 통통하게 살이 오르는 것만 너무 신경 써서는 안 된다. 과거에 아기의 젖살이 통통했던 비결은 분유의 카제인 단백질 덕분이었다. 선천적으로 소화 흡수력이 좋은 아기는 분유나 조제 이유식만 먹어도 덩치가 커진다. 어른들도 그렇지만 덩치가 크다고 해서 면역력이 좋은 것은 아니다. 지금은 성장과 함께 면역 및 발달이 모두 중요한 시대가 되었다. 알레르기와 발달장애를 조기에 예방하려면 가공식품이나 식품첨가물이 아닌 자연식품에 익숙해져야 한다. 자연식품에 전통 발효식품까지 지혜롭게 먹일 수 있다면 금상첨화이다. 발효식품 없이 자연식만 해서는 2% 부족하다. 이유식 단계에 있는 아기라면 반드시 자연식품과 발효식품을 골고루 잘 먹는 아기로 키우기를 권장한다.

PART

4

내 아이의 체질을
개선하는 해독의 비법

01

곡물, 채소, 버섯,
해조류로 대표되는 해독 음식

해독에 유익한 식품과 해가 되는 식품

지금까지는 독소가 아이의 건강에 얼마나 치명적인 요인이 되는지와
독소를 해독하는 원리를 설명하였다. 이제부터는 실제로 가정에서 실천
으로 옮길 수 있는 해독법을 소개하고자 한다. 건강한 아이는 한마디로
항산화력이 좋은 아이이다. 아이의 건강은 성장, 발달, 면역의 3단어로
귀결된다. 아이는 신체적으로 성장 발육이 잘되고, 내적으로는 뇌 기능
과 정서가 안정되고, 외적으로는 각종 질병을 이겨낼 수 있는 면역력이
강화되어야 한다. 성장, 발달, 면역의 상태가 양호한 아이가 바로 항산화

력이 뛰어난 아이이다. 항산화력이 좋아야 성장이 잘되고 발달도 양호하며 면역력도 증강된다.

아이의 항산화력에 필수적인 2가지가 바로 좋은 영양과 해독이다. 항산화력이 좋은 아이가 되기 위해서는 좋은 영양을 섭취하고 몸 안에 쌓인 독소를 원활하게 해독해야 한다. 아이가 먹는 음식은 메뉴도 중요하지만 메뉴 이상으로 항산화에 유익한가를 살펴야 한다. 아이가 먹는 음식이라면 먼저 항산화에 유익한 식재료를 잘 선택해서 그 재료로 맛있게 요리한 음식이라야 건강에도 좋다. 그렇지 않고 맛과 영양에만 치우친 음식 재료로 요리를 하면 아이가 잘 먹을 수는 있어도 독소가 아이의 건강을 해치게 된다.

해독 식사법의 키포인트

여기에 음식이 잘 차려진 식탁이 있다고 가정해 보자. 같은 음식 메뉴를 대하는 사람들의 태도는 제각기 다르다. 해독의 포인트는 언제든지 식탁에 차려진 음식의 구성 성분을 잘 파악하는 것이다. 항산화에 유익한 식품과 유해한 식품 간에는 성분상 어떤 차이가 있는가를 아는 만큼 해독의 고수가 될 수 있다. 음식의 3대 영양소는 탄수화물, 지방, 단백질이다. 비타민과 미네랄을 추가하면 5대 영양소라고 한다. 여기에 효소, 식이섬유, 항산화 성분, 유기산 등이 모두가 우리 몸에 없어서는 안 될 영양 성분이다. 건강에 좋은 식생활은 단순하게 탄수화물, 지방, 단백질

203

의 형태로만 흡수되어서는 안 된다. 예를 들면 단순당을 섭취하는 것보다 복합당질을 섭취하는 것이 영양학적으로 훨씬 더 유익하다. 3대 영양소를 섭취할 때 필수아미노산, 필수지방산, 비타민, 미네랄, 효소, 식이섬유, 항산화성분, 유기산을 복합체의 형태로 흡수되면 가장 이상적이다. 가공식품이나 패스트푸드는 고열량, 고탄수화물, 고지방, 고단백 위주로 섭취된다. 또 가정에서 식사를 할 때에도 특정 식품으로만 편식을 하면 영양의 불균형을 피할 수가 없다. 항산화에 유익한 식품을 골고루 섭취할 때 영양의 균형도 맞춰지고 복합체의 형태로 소화 및 흡수 배설에도 훨씬 유리하다.

철분제, 칼슘제, 종합 영양제의 의존도를 줄이자

비타민, 미네랄 등이 부족할 때 선뜻 아이에게 건강보조식품이나 약을 먹이는 경우가 많다. 빈혈 수치가 심각하게 낮아졌을 때에는 어쩔 수 없이 한동안 철분제를 먹여야 한다. 그러나 정상치에 비하여 약간 낮은 범위에서는 철분제를 장기간 먹이는 것은 바람직하지 않다. 음식이 아닌 칼슘제나 종합 비타민을 영양 보충제로 먹이는 것도 항산화력에는 도움이 되지 않는다. 이들 제품은 화학 처리된 합성물질이 상당량이며 첨가물도 제법 포함되어 있다. 아이에게 비타민, 철분, 칼슘이 부족할수록 식생활을 통하여 꾸준히 개선해나가는 것이 결과적으로는 훨씬 유익하다. 한편 철분제를 지속적으로 복용할 때 소아과에서는 식이섬유가 철분의 흡수 속도를 방해한다고 하면서 식이섬유가 풍부한 음식을 제한토록 지시한다. 이 역시 심각한 빈혈을 치료하기 위해 어쩔 수 없이 철분제를 복용할 때에만 식이섬유를 제한해야 한다. 만약 철분제를 예방 차원에서 장기간 복용하면서 식이섬유를 제한한다면 이는 주전 선수 한 명을 빼고 경기를 하는 것과 다를 바 없다. 오히려 철분제는 변비를 유발할 때가 많다. 식이섬유가 함유하고 있는 수분은 대장의 배변 활동을 촉진한다. 식이섬유 자체가 노폐물을 배출시키는 작용을 하며 장내 세균의 먹잇감 역할도 하는 만큼 지나치게 식이섬유를 제한해서는 안 된다.

한 끼의 황금 레시피보다 식단의 황금 비율이 더 중요하다

한 끼의 맛있는 식사는 행복의 중요한 요소이다. 못 먹고 못 살던 시절에는 끼니를 해결하느라 급급했다. 하지만 이제는 한 끼를 먹어도 건강하게, 맛있게 먹고 싶어 하는 시대이다. 여기서 딜레마는 건강한 음식과 맛있는 음식의 공존이 결코 쉽지 않다는 점이다. 분유 수유를 했던 아이는 단것을 더 좋아하게 된다. 단맛이 강한 분유회사의 제품일수록 더 그렇다. 이런 점을 감안하면 어릴 때 입맛을 길들이기가 얼마나 어려운가를 알 수 있다. 단맛을 지나치게 좋아하는 아이가 채소, 버섯류, 해조류를 즐겨먹을 가능성은 줄어든다. 그렇더라도 차라리 어린 나이에 식탁에서 건강한 입맛을 되찾게 하는 노력을 훨씬 더 기울여야 한다. 한 끼를 기가 막히게 맛있게 먹는 요리를 '황금 레시피'라고 하자. 이보다 더 중요한 것은 한 끼에 항산화 건강이 가득한 '황금 비율의 식단'으로 먹는 것이다. 유소아기에 한 끼 식사에서의 황금 비율이란 무엇일까? 식물성식품곡류, 채소, 버섯류, 해조류, 견과류, 발효식품 : 생선 : 육류 및 유제품의 비율이 7 : 2 : 1 정도가 이상적인 황금 비율이다. 생선이나 고기를 매일 먹지는 않으므로 날짜에 따라 생선이나 육류의 비율을 조정하면 된다. 전체적으로 식물성식품 : 동물성식품이 7 : 3의 비율이면 좋다. 비율을 이렇게 권장하는 이유는 영양의 섭취도 섭취이지만 동물성식품의 섭취가 과하면 독이 되기 때문이다. 동물성식품일수록 항산화 기능에 비하여 체내에서의 독소와 노폐물 생산이 많은 편이다. 가공식품이나 패스트푸드를 먹은 날은 동물성식품의 섭취량을 줄여야 한다. 유명한 이유식 책들을 보면서 한결같이 식단의 비율에 관한 상세한 설명이 없어서 자못 놀랐다. 한 끼에 관한 레시피는 넘치는데 식단의 영양 비율을 명확히 제시하고 있지는 않다. 그리고 거의 동물성식품인 육류와 우유의 권장량이 지나치게 높은 편이다. 맛있는 한 끼도 중요하지만 식단의 비율이 훨씬 더 중요하다는 사실을 잊지 말자.

식사의 황금 비율을 조정해야 할 때

아이의 건강 상태가 늘 일정할 수는 없다. 1년 중에도 컨디션이 상승 곡선일 때와 성장 발육이 잘되는 시기가 있다. 반면에 어느 시기만 되면 체력이 약해지거나 잔병치레가 늘어나고 성장 발육도 정체되는 시기가 있다. 이럴 때에는 식단에도 임기응변을 발휘하여야 한다. 다음과 같은 몇 가지의 경우에는 식단을 조금만 조절해주어도 컨디션 회복에 상당한 도움이 된다.

❶ 기운이 처질 때

기운은 자가용의 엔진과도 같다. 엔진이 약해지면 차의 달리는 힘이 약해진다. 기운이 계속 처진 상태로 있으면 체중도 줄고 학습에도 지장이 생긴다. 이때는 일단 3대 영양소의 섭취를 늘려주는 것이 좋다. 당분, 단백질, 지방의 섭취량을 늘리면 칼로리가 많아지고 세포에서의 에너지 생산도 증가한다. 외식보다는 집에서 양질의 고기나 생선 등 고단백식품을 먹이면서 밥의 양도 늘린다. 고기가 맞는 아이는 고기를 위주로 양을 늘리고 생선이나 해물이 맞는 아이는 생선, 해물의 양을 늘려준다. 물론 채소도 곁들여서 충분히 먹어야 한다.

❷ 아플 때

아이가 아프면 아이에게 음식을 더 많이 먹이려는 부모가 더러 있다. 소아과에서는 장염이 생겨도 평소처럼 식사하라고 권유한다. 아이가 아플 때에는 정반대로 식사량을 평소보다 줄이는 것이 회복에 유리하다. 식사량을 줄이면서 동시에 활동량도 줄여야 한다. 어린이집이나 유치원을 잠깐 쉬더라도 빨리 회복하려면 식사를 적게 하는 것이 치료에 도움이 된다. 아플 때 많이 먹는 동물은 유일하게 인간밖에 없다고 한다. 아플 때 많이 먹으면 효소 활동이 음식의 소화 흡수에 집중하느라 오히려 대사 기능은 더욱 떨어지게 된다. 아플 때는 체내의 효소가 신진대사를 활발하게 할 수 있도록 식사량을 줄여야 한다. 반대로 아플 때 음식을 자꾸 먹이면 탈이 더 날 수가 있다. 병이 낫지 않고 다른 병까지 생기면 그야말로 엎친 데 덮친 격이 된다. 오히려 다 나았다 싶을 때에 식사량을 늘려주면 아이가 금방 활력을 되찾는다.

❸ 외식이 잦을 때

부득이하게 외식이 잦아질 때가 있다. 이럴 때일수록 해독 기관인 장과 간 기능이 약화되고 항산화 지수가 낮아져서 가스가 차고 복통이 생기거나 배변 상태가 시원찮게 된다. 이를 보충하는 방법은 하루 중 집에서 식사하는 시간대에 채식 섭취량을 평소보다 늘리는 것이다. 항상 식단의 황금 비율을 머릿속에 넣어두고 있으면 끼니때마다 이를 조정하는 지혜가 생긴다. 그렇게 하면 배변 활동이 좋아져서 가공식품이나 식품첨가물로 인한 독소 배출이 원활해진다.

최고의 천연 백신 김치,
최고의 해독식품
청국장과 된장

발효식품만의 장점

얼마 전 TV 뉴스에서 2014년의 건강에 관한 화두가 '발효'와 '유산균'이었다는 멘트를 들었다. 그러면서 그 앵커는 2015년의 화두 역시 '발효'와 '유산균'이 될 것이라고 전하였다. 이는 건강과 관련하여 시대적인 흐름을 정확히 진단한 것이다. 그러면 왜 발효와 유산균이 사람들로부터 주목을 받는 것일까? 이는 가공식품과 식품첨가물의 유해성을 해결할 수 있는 방법이 발효와 유산균에 있기 때문이다. 가공식품과 식품첨가물은 불과 100여 년 전에 식품과학기술이 낳은 가공의 식품이라면 발효식품은 인류의 오랜 역사와 함께 해온 건강식품이다. 앞으로도 당분간은 발효와 유산균에 사람들의 이목이 집중될 것이다. 한때 발효식품은 천덕꾸러기 신세가 될 뻔하였다. 저염식 바람이 불자 김치와 된장은 소금 범벅의 식품으로 지목되었다. 김치와 된장은 한국인의 대표 음식이자 대표적인 발효식품이다. 지금도 의료계의 일부에서는 고혈압과 성인병 예방에는 저염식을 해야 하며 아이들에게도 짠 음식을 먹이지 말라고 경고하면서 김치와 된장에 회의적인 시각을 보내고 있다. 그러나 발효식품은 동서양을 막론하고 역사적으로 식품으로서의 그 가치가 인정되어 왔다.

발효식품은 일반식품이 흉내 낼 수 없는 뚜렷한 발효식품만의 장점을 가지고 있다. 식물에 함유된 효소와 비타민 C, E와 베타카로틴, 셀레니움, 항산화 색소 등은 현재까지 알려진 대표적인 항산화 성분이다. 이와 같이 식물에 내재된 항산화 성분들을 파이토케미컬이라고 한다. 파이토케미컬phytochemical이란 식물을 뜻하는 phyto와 화학물질을 뜻하는 chemical의 합성어이다. 파이토케미컬은 식물 스스로에게는 경쟁 식물의 생장을 방해하거나 외부의 침입으로부터 자신을 보호하는 역할을 한다. 식물에 풍부한 파이토케미컬은 사람의 몸 안에서 항산화 작용을 하는 매우 유익한 성분이다. 다만 파이토케미컬을 섭취하는 과정에서 야채나 과일을 생으로 섭취하면 식물에 내재된 미량의 독성이나 효소억제제 등으로 인하여 과민 반응을 일으킬 때가 있다. 소화 흡수력이나 면역력이 약한 아이는 더욱 조심스럽다. 그렇다고 야채나 과일을 무조건 가열해서 먹자니 요리도 요리이지만 성분의 파괴도 만만치 않다. 이때 가장 유용한 방법이 바로 발효식품이다. 발효식품은 식물의 과민 반응이나 독성을 없애주면서 발효 과정에서 더 많은 파이토케미컬 성분을 생성시킨다. 오늘날 발효식품이 각광받는 또 다른 이유는 미생물로 발효하는 과정에서 원재료에 없던 해독, 항균, 항바이러스, 항암, 면역 증강, 혈액 정화 등의 효능이 추가되기 때문이다. 발효가 과학이라고 하는 이유는 이와 같이 발효만의 독특한 장점을 갖추고 있기 때문이다.

최고의 천연 백신, 김치

입맛은 자연스러워야 한다. 너무 싱거워도 안 되고 너무 자극적이어서도 안 된다. 염분이 정상치보다 부족하면 미네랄 결핍으로 이어지거나 나트륨 부족증인 피로감, 탈수, 저혈압 등의 증상에 시달린다. 저염식을 위주로 하는 여성들 중에 이런 증상이 의외로 많다. 돌 이전의 아기에게 전혀 간을 하지 않거나 어머니가 지나치게 저염식을 하는 것도 매우 주의해야 한다. 한국인이 짠맛을 이유로 김치를 먹지 않는다면 김치의 무한한 효능을 통째로 포기하는 것이다.

김치는 우리나라 발효식품의 대표 음식이다. 아니 세계가 인정하는 대표적인 발효식품이자 건강식품이다. 김치는 2006년 미국 건강 전문지 헬스가 선정한 세계 5대 건강식품의 하나로 선정되었다. 헬스지가 꼽은 5대 건강식품은 우리나라의 김치, 일본의 낫또, 그리스의 요구르트, 인도의 렌틸콩, 스페인의 올리브유였다. 이 중에서 김치, 낫또, 요구르트의 3

가지가 발효식품이라는 사실이 매우 의미심장하다. 게다가 우리나라에서조차 염도 논란으로 김치의 효능이 왜곡되는 마당에 외국에서는 김치를 치켜세우는 아이러니한 상황이다. 2013년 2월 미국의 퍼스트레이디인 미셸 오바마 여사가 백악관 텃밭에서 농사지은 배추로 김치를 담가서 트위터에 올린 사진은 차라리 신선한 충격이다.

김치는 그 종류만도 200여 가지에 이를 만큼 매우 다양하다. 물김치나 백김치처럼 맵지 않은 김치도 있지만 따로 만들기가 번거롭다면 가장 일반적인 배추김치나 무김치를 사용해도 좋다. 주의할 점은 맵고 짠맛 그대로 먹이면 아이의 위장이 탈나거나 자극적인 맛을 선호하게 되므로 좋지 않다. 김치는 짠맛과 매운맛만 있는 것이 아니라 유산균 증식으로 인한 신맛, 숙성되면서 느껴지는 깊은 감칠맛 등 여러 가지 맛을 느낄 수 있으므로 아이가 음식의 맛을 익혀가는 데 매우 유익하다.

김치의 효능

아이에게 김치를 먹여야 할 이유는 김치의 뛰어난 효능 때문이다. 사스S.A.R.S가 전 세계적으로 유행하면서 제2의 페스트로 공포감이 조성되던 시기에 한국은 사스 환자가 없는 나라로 주목을 받았었다. 각국의 연구 기관에서 그 비결을 분석한 결과 원인이 발효식품인 김치에 있는 것으로 결론이 났다. 우리나라는 신종플루 발병률이 매우 낮고 조류독감 환자 발병률은 아직까지 제로를 유지하고 있는데 이 역시 조상 대대로 김치를 먹어 왔던 우리나라 사람들이 유전적으로 면역력이 강한 것으로 판명되었다. 이처럼 소아를 위한 김치의 첫 번째 효능은 항바이러스, 항균 및 면역 증강으로 아이가 매일 먹어도 좋은 최고의 천연 백신이다.

김치의 두 번째 효능은 항스트레스 작용이다. 김치를 즐겨먹는 아이는 김치를 먹지 않는 아이보다 스트레스 상황에서 훨씬 더 스트레스를 잘 견뎌낸다. 이는 실제 실험을 통해서도 입증되었다. 일본의 김치 연구소인 파마푸즈 연구소에서는 김치 추출액을 먹은 피험자와 가짜 추출액을 먹은 피험자를 대상으로 50미터 상공의 높은 다리를 건너는 실험을 하였다. 스트레스 정도를 측정하는 타액 검사에서 김치 추출액을 먹은 피험자의 불안 및 스트레스 반응이 매우 낮게 나타났다고 한다.

김치는 비타민, 미네랄, 식이섬유가 풍부한 알칼리식품으로 소화 작용 역시 뛰어나다. 그 외에도 김치의 항암 작용, 다이어트 효과, 피부미용 개선, 노화 방지 등의 효능들은 언론을 통해서도 많이 보도되었다. 발효 숙성된 김치에는 요구르트의 4배나 되는 유산균 및 유산균생성물질이 있다. 김치는 담근 지 2개월이 지나면 유산균이 거의 사멸되지만 그 이후에는 유산균생성물질이 풍부하여 유산균과 동일한 효능을 그대로 유지한다. 김치에 있는 유산균은 토종유산균으로 '류코노스톡 김치아이'로 불리고 있다. 이 유산균은 식중독균인 살모넬라균과도 싸워 이기는 강력한 항균력을 지니고 있다.

최고의 해독식품, 된장과 청국장

된장과 청국장의 주재료인 콩에는 단백질의 함량이 풍부하여 '밭에서 나는 소고기'라는 별칭이 붙었다. 콩은 곡류이면서도 특이하게 전분의 양은 30%에 불과하고 단백질은 40%나 된다. 콩의 대표적인 성분은 양질의 단백질, 레시틴, 사포닌, 이소플라본, 비타민 B군, 미네랄, 섬유소 등이다. 레시틴은 인지질로 뇌의 세포막을 구성하는 주요 성분이고 0.6%의 사포닌은 면역 증강과 노화를 예방한다. 콩에 함유된 파이토에스트로겐_{식물성에스트로겐}인 이소플라본은 여성호르몬제 대신에 수용체에 결합되어 유방암을 예방하는 효능이 있다. 콩은 단백질식품이면서도 항산화 작용이 매우 뛰어난 식품이다.

콩은 종류도 다양하고 콩 자체의 효능도 뛰어나지만 콩으로 만들 수 있는 식품도 매우 다양하다. 콩나물, 두부, 두유, 순두부, 콩비지, 콩자반, 콩국수, 된장, 청국장 등 콩식품은 모두가 아이에게 애용될 수 있는 건강식품이다. 콩식품 중에도 아이에게는 주로 두부나 두유를 먹이지만 더욱 추천하고 싶은 식품은 된장과 청국장이다.

역사적으로 우리나라에서 한때 채식이 유행했던 적이 있었다. 고려시대 전기인데 이때는 불교의 영향으로 육식을 금지했기에 콩으로 만든 된장과 청국장, 간장이 활약했었다. 그런데 식단이 서구화되면서 한창 육류와 우유, 인스턴트식품을 소비했던 음식 문화가 최근 들어 웰빙 붐, 힐링 붐이 일면서 점차적으로 자연 건강식 쪽으로 다시 회귀하고 있다.

그러면서 기존 서구 식단의 영양 이론이 전통 식단의 이론과 정면으로 배치되어 소비자의 혼란을 가중시키는 현상들이 많이 나타난다. 그중의 하나가 발효식품에 대한 오해로 된장 역시 과학적인 근거라는 미명하에 수난을 겪고 있다.

전통 된장은 오로지 콩, 소금, 물의 3가지로만 완성된 발효식품이다. 일본된장은 감칠맛을 위해 밀가루를 넣고 최근의 퓨전된장은 기능성 천연 성분을 첨가하기도 하지만 순수하게 제조된 된장은 이 3가지로 족하다. 그런데 마트에서 판매되는 개량된장은 밀가루의 글루텐과 각종 첨가물과 함께 탈지대두를 염산 처리해서 제조한다. 이런 사정을 알고서는 된장은 반드시 집에서 직접 담갔거나 유기농 매장에서 구입한 제품을 사용하여야 한다. 된장과 청국장의 특유한 냄새를 싫어하는 사람들이 많다. 게다가 된장은 염도가 높은 식품으로 늘 주홍글씨와 같은 낙인이 찍혀 있다. 하지만 된장과 청국장의 영양성과 효능을 알고 나면 그런 누명은 벗겨져야 한다.

된장과 청국장의 효능

된장은 주로 누룩곰팡이와 고초균에 의해 콩이 발효된 식품이다. 이들 미생물에 의하여 단백질분해효소가 생성되면서 콩 단백이 아미노산으로 분해가 된다. 된장이 두부나 두유와 다른 점은 콩단백이 아미노산으로 분해가 된 상태에서 섭취하므로 소화 흡수가 훨씬 잘된다. 된장의 단백질 흡수력은 콩보다 무려 30%나 높게 나타난다. 된장의 갈색 색소에는 발암물질을 제거하고 암세포의 활성을 억제하며 간 기능을 촉진하는 성분이 들어 있다. 항종양 효과는 콩이 11%, 미소된장이 45%, 된장이 68%로 된장이 가장 뛰어나다.

그러면 된장이 아이들에게는 특별히 어떤 효능이 있을까? 콩과 된장 모두 림프구를 자라게 해서 면역성이 증가하는 효과가 있는데 콩에 비하여 된장의 면역 조절 효과가 더욱 뛰어나다. 항간에 콩의 이소플라본 성분이 성조숙증을 유발한다는 얘기가 있었다. 그러나 이는 근거가 매우 희박한 얘기이다. 쌀 다음으로 콩 섭취가 많았던 우리나라에서 성조숙증이 이제껏 없었다가 오히려 콩 섭취가 줄어든 근년에 성조숙증이 많아진 건 어떻게 설명해야 할까? 게다가 된장에는 조골세포의 활성을 촉진하고 파골세포의 활성을 억제하는 작용이 있는 것으로 밝혀졌다. 이는 갱년기에 접어든 연령에서는 된장이 골다공증을 예방하고 아이들에게서는 성장을 촉진하는 근거가 된다. 콩은 단백질 식품이면서 알칼리 미네랄이 풍부하므로 이론적인 근거도 더욱 확실하다. 된장은 콩보다 변비를 해소하는 효능도 뛰어나다.

된장과 달리 청국장은 주로 고초균에 의해 발효되면서 청국장 특유의 맛을 낸다. 된장의 소금을 탓하는 사람들에게 청국장은 소금을 전혀 첨가하지 않은 100% 무염대두 발효식품이다. 소금을 일절 넣지 않은 콩 발효식품이 청국장이다. 소금에 관한 선입견이 불식되지 않는 분들은 청국장 가루를 간으로 하면 안성맞춤이다. 청국장에는 콩에는 없는 혈전용해

효소인 단백질분해효소, 항암 효과가 있는 폴리글루타메이트, 면역물질인 고분자 핵산, 항산화 성분인 갈변물질 등이 있다. 청국장에는 혈전용해 작용이 있으므로 용혈성 질환이 있는 아이는 피하는 것이 좋다.

청국장에는 유산균인 라토비 실리스가 10억 마리나 있어서 청국장 자체가 매우 훌륭한 프로바이오틱스이다. 청국장의 고초균은 청국장균, 납두균, 당화균 등의 다양한 별칭이 있는데 단백질과 당의 분해효소를 생성하여 소화 흡수를 촉진한다. 동시에 청국장의 유산균은 장내 유해균의 활동을 억제하고 부패균이 생성하는 암모니아, 인돌, 아민과 같은 독성 발암물질을 흡착하여 배설시킨다. 간을 보호하고 해독 기능을 도와주는 비타민 B2는 콩을 삶을 때 격감되었다가 청국장으로 발효가 되면 원래의 콩보다 급증한다. 청국장의 항산화 성분은 콩에 비하여 8배나 증가한다.

아이에게 청국장을 먹일 때에는 소량의 청국장 가루를 양념처럼 이용하면 된다. 청국장의 뛰어난 효능을 감안한다면 이보다 좋은 단백질 공급원이자 항산화식품도 없을 것이다. 청국장은 근육과 뼈를 단단하게 하면서 고기와 달리 소화가 잘되고, 장 기능도 강화하면서 면역 증강에도 효과가 있는 그야말로 일석사조의 항산화 건강식품이다.

유기농 원당, 구운 소금, 올리브유로 대표되는 해독 양념

천연 양념과 천연 조미료의 이해

양념과 조미료는 일반적으로 동의어로 쓰이고 있다. 흔히 양념이나 조미료를 음식의 주재료에 맛이나 향을 내기 위해 첨가하는 부재료로 인식한다. 조미료調味料를 그대로 직역하면 음식의 맛을 돋우고 조절하는 재료이다. 조미료 앞에 '천연'이라는 글자를 붙이면 인공조미료에 대조되는 천연 조미료가 된다. 요즘은 천연 조미료의 인기가 높아졌다. 돌전의 아기를 위한 요리를 할 때에 인공조미료를 사용하는 주부는 없다. 아이러니한 것은 그렇게 키우다가도 어린이집이나 유치원을 가게 되면 가공식품이나 인공조미료의 유혹에 너무나 쉽게 넘어간다는 점이다.

조미료와 달리 양념이라는 단어에는 무언가 다른 격格이 느껴진다. 사람도 작업복을 입고 있다가 신사복으로 갈아입으면 격이 달라 보이듯이 조미료와 양념에는 그런 차이가 느껴진다. 양념이라는 단어에는 단지 맛과 향을 내는 기능만이 아니라 건강에 이로운 플러스가 있다. 그래서 양념을 약념藥念이라고 하지 않았는가. 양념의 어원에는 약이 되는 염원이 고스란히 담겨 있다. 양념을 현대적인 용어로 풀이하면 약용식품medical food에 가깝다. 음식에 맛과 향뿐만 아니라 약성을 가미하는 것이다.

이처럼 약성을 가진 대표적인 양념 재료들을 열거해 보자. 채소 중에는 고추, 마늘, 생강, 파, 양파 등이 있다. 수산물에는 다시마, 멸치, 새우, 가쓰오부시 등이 있다. 천연 감미료 중에는 유기농 원당, 천연꿀, 쌀조청, 메이플시럽, 아가베시럽 등이 있다. 버섯류에는 표고버섯, 팽이버섯, 새송이버섯 등이 있다. 이 중에서 멸치, 다시마, 표고버섯, 새우, 가쓰오부시 등은 구수한 맛 또는 감칠맛을 낸다 하여 지미료旨味料라고 한다. 함미료鹹味料인 천일염은 미네랄식품이기도 하다. 식품으로 만들어진 양념으로는 고추장, 된장, 청국장, 간장, 식초, 식용유 등이 있다. 식초는 대표적인 산미료이다. 이들 모두가 인공재료 없이도 순도 100%의 천연 양념을 사용하거나 제조할 수가 있다. 천연 양념이 곧 천연 조미료이다.

천연 양념을 무시한 채 천연 조미료를 찾으려 하면 난센스이다. 양념이 따로 있고 조미료가 따로 있는 것이 아니다. 천연 양념은 이미 수천 년의 전통을 이어져 내려오면서 경험적으로 증명되고 현대에 와서는 식품과학기술로 밝혀진 음식의 과학이다. 우리나라 사람 중에서 위에 열거한 양념들을 쏙 빼버리고 음식의 맛을 낼 수 있는 사람은 없다. 양념을 음식에서 빼버리면 컴퓨터에서 소프트웨어를 빼버린 것과도 같다. 양념을 완전히 제거한 채 음식을 요리해 보면 실감이 날 것이다. 양념은 결코 빠져서는 안 될 음식의 일부이다. 어린아이에게도 양념은 꼭 필요하다.

약도 순하게, 양념도 순하게

아이들에게 양념은 어떻게, 얼마만큼 사용해야 할까? 의외로 간단하다. 아이에게 먹이는 약을 생각해 보자. 아이에게 약을 먹일 때에는 반드시 약의 용량과 강도를 고려해서 처방한다. 먼저 약의 용량은 대개 그 아이의 체중에 비례하여 조절한다. 아이가 자라면서 체중이 늘어갈수록 약의 용량은 조금씩 증가한다. 한약도 양약처럼 가능한 약의 용량을 조절한다. 한약은 항생제나 해열제만큼 신속하게 작용하는 것은 아니어도 체격 조건을 고려해서 한약의 양을 조절한다.

약은 용량만큼이나 약의 강도도 중요하다. 양약 중에는 소아에게 처방이 가능한 비교적 순하고 안정적인 약이 있는가 하면 소아에게 결코 처방해서는 안 되는 강한 약들도 있다. 한약을 처방할 때에도 아이에게는 순한 약들을 위주로 매우 신중하게 처방한다. 약의 복용법을 그대로 음식에 적용하면 다르지 않다. 내 아이가 먹는 음식일수록 안전하고 맛이 부드럽고 순한 재료여야 한다. 양념을 선택하는 기준도 여기에서 벗어나지 않는다. 양념의 기준도 아이에게 자극이 되지 않는 범위 내에서 순하게 사용하면 된다.

여기서 주의할 점은 양념을 순하게 사용하라는 것이지 양념을 쓰지 말라는 얘기가 아니다. 물론 양념 중에서도 자극이 상한 양념들이 있다. 고추, 마늘, 생강, 고추장, 간장, 식초 등이 비교적 자극이 강한 양념에 속한다. 자극이 비교적 강한 이 양념들은 아이의 나이나 음식의 재료에 따라 양을 조절하여 비교적 소량씩 넣어준다.

아이들에게 안전하고 순한 양념은 천연 지미료인 다시마, 멸치, 새우, 표고버섯, 가쓰오부시 등이다. 흔히 MSG라고 불리는 L-글루탐산나트륨은 대표적인 인공지미료이다. 지미료는 글자 그대로 감칠나고 구수한 맛을 낸다. 천연 지미료는 주부들이 MSG 대신에 애용하는 양념이다. 다행스럽게도 지미료만큼은 MSG가 아닌 천연 지미료가 주방의 대세로 자리를 잡았다. 그렇다고 해서 모든 음식의 양념을 지미료만으로 고수할 수는 없다. 기본적으로 맛은 오미인 단맛, 신맛, 짠맛, 매운맛, 쓴맛과 함께 담백한 맛, 떫은맛 등을 조금씩 익혀가야 한다.

지미료 얘기가 나온 김에 MSG와 관련하여 재미있는 에피소드 하나를 소개하겠다. MSG는 거의 마법의 맛이다. 우리의 입맛이 얼마나 MSG에 길들여져 있는가를 단적으로 보여주는 예화가 있다. 어떤 남편이 자신이 좋아하는 요리 메뉴를 저녁마다 아내에게 요구하였다. 요즘 세태로 치면 아주 용감한 남편이다. 그래도 착한 그의 아내는 매번 정성을 다하여 요리를 해주었는데 그때마다 남편은 맛이 별로라면서 불만이 가득한

	약이 되는 양념	독이 되는 양념
감미료	유기농 원당, 천연꿀, 쌀조청, 매실발효액, 메이플시럽, 아가베시럽	백설탕, 황설탕, 흑설탕, 물엿, 시럽, 정제과당, 정제포도당, 인공감미료(아스파탐, 스테비오사이드, 수크랄로스)
함미료	국산 천일염으로 3번 구운 소금, 죽염, 국산 천일염으로 만든 기능성 소금	맛소금, 꽃소금, 저질의 천일염으로 만든 볶은 소금, 저질의 천일염으로 만든 기능성 소금
지미료	멸치, 다시마, 새우, 표고버섯, 가쓰오부시	MSG(L-글루탐산나트륨), 단백질가수분해제
식용유	들기름, 참기름, 엑스트라 버진 올리브유	일체의 정제식용유
간장	집간장, 국산 콩과 밀로 만든 양조간장	산분해간장, 혼합간장, 탈지대두와 수입밀로 만든 양조간장
식초	천연 식초(오곡식초, 과일식초, 감식초), 전분 또는 당분을 원료로 초산균으로 발효해서 만든 양조 식초	주정에 초산과 첨가물을 넣어서 강제발효로 만든 양조 식초, 합성 식초(빙초산)
된장	집된장, 국산 콩과 밀로 만든 개량된장	탈지대두와 수입밀로 만든 개량된장
고추장	집고추장, 유기농 고추장	발색제 등의 첨가물이 들어간 저질의 고추장

얼굴이었다. 참다못한 그의 아내가 어느 날부터인가 MSG와 다른 첨가물을 듬뿍 넣고 요리를 해주었다. 그러자 그 음식을 맛본 남편은 연신 엄지손가락을 치켜들며 "바로 이 맛이야!"를 외치더라는 것이다. 그의 아내가

자기 친구들을 만나서 한 말이 걸작이다. "역시 음식은 정성과 MSG 듬뿍이야. 하하하" 이 예화는 그냥 웃고 넘어가기에는 좀 그렇다. 아마도 그 남편은 자신의 어머니가 해준 MSG, 맛소금, 미원과 같은 인공조미료가 많이 들어간 음식을 먹고 자랐을 것이다. MSG의 맛을 어머니의 손맛으로 기억하는 건 해독의 시대를 살면서 웃지 못할 자화상이다. 필자도 같은 경험을 하면서 자랐으니 이 사례에 십분 공감한다.

04

알레르기 체질을 개선하는 해독 식단

해독 식단으로 알레르기 체질을 개선하자

알레르기, 특히 아토피가 있는 아이를 키우는 부모라면 아이에게 무슨 음식을 먹일 것인가에 대해 골머리를 앓는다. 이 장에서는 알레르기에 좋은 해독 식단을 소개하고자 한다. 음식이 모든 병의 원인은 아니지만 음식에서 질병이 생긴다면 반대로 음식으로 질병을 개선할 수가 있다. 음식독을 개선하였을 때 만성난치병일지라도 호전되는 방향으로 흐름을 바꿀 수가 있다. 히포크라테스는 "음식으로 못 고치는 병은 약으로도 못 고친다"고 하였는데 음식의 중요성은 아무리 강조해도 지나치지 않다. 특히 환경오염과 가공식품의 발달로 오늘날의 먹거리는 불필요한 영양의 과잉 공급과 반드시 필요한 부영양소의 부족이라는 이중적인 문제를 안고 있다. 그럴수록 해독에 도움이 되는 유익한 식품을 충분히 섭취하여야 한다.

알레르기는 질병이지 체질은 아니다. 하지만 알레르기 환자가 너무나 많다 보니 알레르기 체질이라는 말이 통용된다. 알레르기 체질의 아이는 나이에 따라 특징적인 하나의 흐름이 있는데 이를 전문 용어로 '알레르기의 행진allergic march'이라고 한다. 그런데 알레르기 행진의 수위가 점점 높아지면서 이제는 위험한 행진으로까지 진행되고 있다. 알레르기는 전염병도 아닌데 전염병처럼 증가하고 있다. 알레르기는 크게 흡입성, 식이성, 접촉성에 의하여 유발된다. 흡입성은 호흡기를 통해서 호흡으로 유입되고, 식이성은 소화기를 통해 음식으로 유입되며 접촉성은 피부를 통하여 직접 접촉이 된다. 이 중에서 흡입성과 접촉성은 가급적 알레르겐을 피하는 것이 최선이다. 하지만 알레르기 환자에게서 회피요법은 근본적인 대책이 될 수 없다.

알레르기를 근본적으로 개선하기 위해서는 장내 환경을 개선하고 몸 안에 쌓인 독소를 없애야 한다. B 림프구, T 림프구, helper T 세포, KT 세포, NK 세포 등의 면역세포는 70% 가까이가 장 조직에 분포하는데 식생활 개선을 통하여 장내의 면역 환경을 바꾸어주는 것이 반드시 필요하다. 알레르기를 유발하는 음식이 몸 안으로 유입되면 장벽을 약화시키고 장내에 독소를 형성한다. 반대로 알레르기 예방에 좋은 해독 식단은 장내 유익균의 활성을 도와주고 장벽을 강화시켜 면역세포를 단련하는 데 도움을 준다. 다음은 알레르기를 치료할 때 섭취해야 할 항알레르기 식품과 피해야 할 알레르겐식품을 구분하였다.

알레르기에 좋은 식품

알레르기에 좋은 식품인 곡류는 발아현미와 같은 발아식품이 특히 좋다. 현미는 항산화에 좋은 비타민 B군과 철분, 칼슘, 식이섬유, 옥타코사놀 등의 영양소가 풍부하다. 그 대신에 현미밥은 차진 맛이 적고 겉껍질에 효소억제제가 있어서 소화력이 약한 아이가 먹기에는 쉽지 않다. 발아현미는 발아 과정에서 효소억제제가 제거되어 소화가 좀 더 용이하다. 그래도 현미를 잘 먹지 못하는 아이라면 멥쌀과 현미의 비율을 7 : 3 정도의 비율로 해서 먹이는 것이 좋다. 아니면 통곡으로 된 현미보다는 5분도, 7분도의 현미부터 먹여 보고 잘 먹으면 점차 도정이 덜된 현미밥을 먹이도록 하는 것이 좋다. 입맛이 까다로워 현미밥을 먹지 못하는 아이도 더러 있다. 그렇더라도 알레르기 체질의 아이는 3끼를 가능하면 밥을 먹어야 한다. 이럴 때에는 정백미인 멥쌀로 밥을 해서 먹이는 것이 그나마 알레르기에 유익하다. 쌀은 알레르기의 유발 가능성이 가장 낮은 안전한 식품이다. 김치와 된장, 청국장은 유산균 및 유산균생성물질이 풍부하고 3대 영양소인 단백질, 지방, 탄수화물을 분해하는 효소와 비타민, 미네랄, 생리활성물질이 풍부하다. 장아찌 종류는 배변을 원활하게 하여 노폐물 배설을 촉진한다. 알레르기 체질의 아이가 가장 기본적으로 섭취해야 할 1순위 반찬은 김치와 청국장, 된장, 장아찌 종류와 같은 발효식품이다. 채소는 항산화 성분과 비타민, 미네랄이 풍부한데 시금치처럼 한두 가지만 편식하는 것은 좋지 않고 가능하면 골고루 섭취해야 한다. 지나치게 저염식을 하면 칼륨이 높아졌을 때 문제가 되지만 나트륨 섭취가 적당하면 칼륨 과잉증은 전혀 문제되지 않는다. 간식은 과일을 골고루 섭취하는 것이 좋다. 흰살생선은 알레르기에 비교적 안전한 생선이다. 해조류는 미네랄과 식이섬유가 많아서 좋다. 버섯류는 가장 대표적인 면역식품이다. 버섯의 종류를 막론하고 버섯에는 면역 성분이자 항암 효능이 있는 베타글루칸이 풍부하다. 상황버섯, 차가버섯, 꽃송이버섯, 영지버섯 등 가격이 비싼 버섯일수록 베타글루칸의 함유량이 높은 편이다. 그러나 이런 고가의 버섯을 굳이 먹지 않더라도 식용버섯인 팽이버섯, 느타리버섯, 새송이버섯 등을 꾸준히 섭취하면 면역 향상에 반드시 도움이 된다. 버섯에는 식이섬유도 풍부하여 고기를 구워 먹을 때 버섯을 함께 먹으면 배변 활동에도 좋다. 버섯을 조리할 때 주의할 점은 베타글루칸 등의 주요 영양소는 모두가 버섯의 뿌리에 있으므로 버섯을 다듬을 때 뿌리를 싹둑 잘라내서는 안 된다. 양념 재료로써 천연당은 단맛의 중요한 에너지원이며 천일염은 미네랄 공급원이고 천연 식초는 해독과 피로회복, 정혈의 효과가 있다. 들기름, 참기름, 압착 올리브유는 양질의 불포화지방과 포화지방을 공급한다. 첨가물이 적은 유산균 제품은 장내 유익균을 증식시키고 해독 작용에 도움을 준다.

알레르기에 해가 되는 식품

알레르기에 가장 해가 되는 식품은 3대 단백질인 우유의 카제인 단백질, 밀가루의 글루텐 단백질, 계란의 알부민 단백질식품이다. 이런 거대 단백질은 위나 장에서 흡수장애를 일으키면서 아미노산으로 분해가 안 된 채 장벽으로 유입되어 알레르기를 유발하는 항원이 된다. 알레르기 환자에게 우유는 단지 거대 단백질만의 문제만 있는 것이 아니다. 가공 우유는 1차적으로 젖소에게 항생제, 성장호르몬을 쓰지 않는다고 하더라도 곡물 사료와 첨가물의 문제로부터 자유롭지 못하다. 그다음으로 우유는 가공 단계에서 살균 및 표준화, 균질화의 과정을 거치면서 단백질이 변성되고 필수지방산이 산패되며 비타민, 미네랄, 효소 등이 거의 파괴된다. 알레르기 체질이 그나마 우유를 안전하게 마시는 방법은 요구르트 종균을 넣고 발효해서 만든 요구르트이다. 시중의 요구르트 제품은 정제당과 식품첨가물이 많다. 하지만 직접 만든 발효유는 유산균이 유당을 젖산으로 분해하면서 유당분해효소인 락타아제까지 생산하여 소화가 잘된다. 육류 역시 동물성단백질이 분해되는 과정 중 대장에서 질소잔존물을 생산한다. 정제유와 튀긴 음식은 트랜스지방산이 많이 함유되어 혈액에서 과산화지질을 형성하고 피를 탁하게 한다. 어패류 중에서는 등푸른생선과 갑각류가 알레르겐이 되기 쉽다. 과일은 체질에 따라 다르기는 하지만 토마토와 복숭아는 공통적으로 삼가는 것이 좋다. 견과류는 알레르기에 안전한 식품이 아니며 땅콩, 아몬드는 때로 알레르기를 유발한다. 정제당과 인공감미료는 혈당관리시스템을 망가뜨리고 불필요한 에너지원이 되어 열을 생산한다.

	한알레르기식품	알레르기식품
식품 종류	곡류(특히 발아식품) 김치 된장, 청국장 장아찌 종류 채소 과일 흰살생선 해조류 버섯류 천연 양념(천연당, 천일염, 천연 식초) 들기름, 참기름, 압착올리브유 첨가물이 적은 유산균 제품	카제인 단백질(우유, 분유, 유제품) 글루텐 단백질(수입 밀가루) 알부민 단백질(계란) 육류와 육가공식품 정제유와 튀긴 음식 등푸른생선, 갑각류 복숭아, 토마토 견과류(땅콩, 아몬드) 정제당과 인공감미료 기타 가공식품과 식품첨가물 기타 가공양념 (정제염, 모조양조간장, 합성 식초)
식단 비율	식물성식품 70~80% (곡류, 발효식품, 채소, 과일, 해조류, 버섯) 흰살생선 15~20%	육류와 유제품 5% 이내 가공식품과 식품첨가물 5% 이내

키 성장을 촉진하는
해독 식단

키 성장의 어제와 오늘

키 성장에 좋은 해독 식단을 소개하기에 앞서 잠깐 성장을 역사적으로 살펴보는 것도 매우 의미가 있다. 서울대의대 해부학교실은 15세기부터 19세기에 이르기까지 조선 시대 116명(남 67명, 여 49명)의 유골에서 채취한 대퇴골을 이용해 평균 키를 분석하였다. 그 결과 남자는 161.1cm(±5.6)이며 여자는 148.9cm(±4.6)였다. 2010년 지식경제부 기술표준원이 발표한 한국인 평균 키는 남자 174.0cm이며 여자는 160.5cm였다. 조선 시대와 비교할 때 남녀 각각 12.9cm, 11.6cm가량 평균 키가 증가하였다. 아래의 표는 19세기 이전과 19~20세기 이후의 국가별 남성의 평균 키를 작성한 것이다.

	19세기 이전의 평균 키 (단위 : cm)	19~20세기 이후의 평균 키 (단위 : cm)
한국	161.1	173.3
일본	154.7	170.7
네덜란드	166.7	182.5
독일	169.5	180.2
포르투갈	165.7	173.9

연구 결과에 따르면 조선 시대 한국인의 평균 키는 구한말인 19세기 말까지 큰 변화가 없었다. 이는 중세 시대에는 신장에 별다른 차이가 없었다가 19세기 중반 산업화와 함께 평균 키가 급신장한 서구 국가와 대비가 된다. 반면 우리나라에서는 20세기 중반부터 평균 키가 급격히 증가하는 특징을 보였다. 서울대의대 해부학교실은 "조선 시대에 평균 키가 작았던 것은 영양 상태와 함께 질병 등의 보건 위생적 요인이 크게 작용한 것으로 보인다"면서 "성장기에 영양 성분의 섭취가 부족하고 질병 등을 겪으면서 키가 작아진다는 사실은 보건학에서 보편적으로 통용되는 논리"라고 밝혔다. 유전적인 요인을 감안하더라도 성장에 가장 결정적인 요인은 영양과 보건 위생이다. 달리 말하면 아프지 않으면서 영양을 잘 섭취해야 잘 큰다는 의미이다. 성장이 잘 되려면 옛말처럼 '잘 먹고

잘 놀고 잘 잘 때' 신체 리듬이 성장 발육에 적합한 환경이 된다.

국가별 키 성장의 차이

국가	남자의 평균 키(단위 : cm)	여자의 평균 키(단위 : cm)
한국	173.3	160.9
일본	170.7	157.9
중국	169.7	158.6
북한	158.0	153.0
베트남	165.0	153.0
미국	175.0	162.5
스페인	173.4	164.3
포르투갈	173.9	163.0
벨기에	175.6	166.5
프랑스	176.4	164.7
오스트리아	178.2	166.7
룩셈부르크	179.1	166.6
독일	180.2	168.3
덴마크	181.5	168.5
네덜란드	182.5	170.5

성장 이론이 이처럼 간단해 보여도 그렇지가 않다. 앞의 표는 1990~2000년대 초반까지의 국가별 평균 키에 대한 기록이다.

이 결과에서 우리나라는 아시아 국가 중에서 평균 키가 가장 큰 나라로 보고되었다. 북한과 비교하면 남자는 무려 15cm, 여자는 8cm가량의 차이가 난다. 이웃 일본이나 중국보다도 평균 키가 크다. 눈을 돌려 서구국가들을 비교하면 예상외의 결과들이 눈에 띈다. 미국, 스페인, 포르투칼, 벨기에 등이 우리나라의 평균 키와 크게 차이가 나지 않는다. 반면 네덜란드, 덴마크, 독일, 룩셈부르크 등은 6~9cm 가까이 신장의 격차를 보이고 있다. 특히 북유럽에 위치한 국가들이 평균 키가 크다. 서구 국가들 중에서도 우리나라와 비슷한 수준이 있는가 하면 상당한 격차를 보이는 국가도 있는 것이 의아한 점이다. 이는 단순히 보건 위생과 영양 상태의 개선으로만 볼 수 없는 결과이다. 그래서 이런 결과를 우유 섭취량의 차이에서 보는 견해가 있다. 우유 섭취가 많은 국가일수록 평균 키와 비례한다는 보고인데 현재로서는 상당한 설득력이 있다. 하지만 우유가 모든 사람에게 성장 효과가 있는 것 같지는 않다. 우유를 매일 1리터씩 수년간을 마시고도 만족할 만한 성장 효과를 보이지 않는 예도 적지 않다. 이는 유당불내증과 같은 우유의 소화 흡수를 방해하는 요소까지 감안해야 할 부분도 있다.

키 성장을 촉진하는 해독 식단

이런 내용들을 토대로 성장에 좋은 해독 식단을 제시하고자 한다. 성장의 기본적인 바탕은 역시 충분한 영양의 균형이다. 앞서 언급하였듯이 식단의 황금 비율에 맞추어 식사하는 것이 이상적인 영양 섭취이다.

단일식품으로 성장에 뚜렷한 효과가 있는 식품은 우유이다. 우유는 소젖인데 소젖에는 인간보다 3~10배 이상의 성장 속도를 촉진하는 성장인자가 있다. 아이의 장 건강과 해독 작용까지 고려하면 유기농우유를 발효한 요구르트가 좋다. 집에서 직접 만든 요구르트는 인공감미료가 가미되지 않아서 안전하다. 우유를 많이 마시고 싶을수록 우유와 요구르트를 적절하게 나누어서 마시기를 권장한다. 우유에 위장장애가 있는 아이일수록 요구르트가 훨씬 유리하다. 유기농 치즈와 버터도 성장에 좋은 식품이다.

친환경 계란도 성장에 효과적인 식품이다. 병아리는 21일 만에 부화하는데 그만큼 계란에는 성장속도를 촉진하는 성장인자가 있는 셈이다. 반면에 육류는 단백질식품으로 근육을 강화하는 데 도움이 되며 반드시 성장식품으로 보기는 어렵다. 가공우유와 닭고기는 성조숙증의 원인으로 지목되는 식품이기도 하다. 가공우유나 닭고기를 먹되 성조숙증을 예방할 수 있는 방법으로는 유기농우유 또는 발효유, 친환경 닭고기가 그나마 해결책이 될 수가 있다. 유제품이나 육류만큼은 유기농 제품을 구입해서 먹기를 권장한다. 그다음으로 권할 수 있는 성장식품은 검은 콩인 쥐눈이콩과 서리태이다. 검은콩은 한의학적으로 신장의 기능을 강화하면서 해독 및 혈액순환을 돕는 작용을 한다. 콩의 이소플라본은 성조숙증보다는 유방암 등에서의 암세포의 증식을 억제하는 효과가 있다.

성장에는 성장인자, 단백질과 함께 칼슘과 비타민 D 섭취가 중요하다. 칼슘이 많은 대표식품으로는 우유가 손꼽힌다. 하지만 얘기했듯이 요즘은 젖소에게 칼슘보충제를 먹일 만큼 우유의 칼슘은 믿을 바가 못된다. 우유 외에 칼슘 함유량이 높은 식품은 멸치와 해조류인 다시마, 톳이다. 칼슘이 가장 풍부한 채소는 의외로 고구마순으로, 우유 칼슘의 10배나 된다. 채소 중에는 무말랭이, 호박, 당근, 우엉, 연근에도 칼슘이 많다. 모유가 분유보다 철분의 흡수가 잘 되듯이 식물성인 녹황색 채소의 칼슘은 흡수가 용이하다. 칼슘 함유량이 가장 높은 식품을 하나만 꼽으라면 계란껍질이다. 계란껍질인 난각과 천연 식초를 1 : 4의 비율로 해서 식초에 담아두면 며칠 사이에 난각의 칼슘이 추출된다. 일반적으로 초란이라고 해서 계란을 통째로 천연 식초에 담가 우려내지만 난황과 난백은 비릿한 냄새가 나므로 아이가 먹기에는 적절치 않다. 계란껍질만으로 초란을 만들어두었다가 식초를 물에 20배 정도로 연하게 희석해서 마시면 천연 칼슘제로 손색이 없다. 여기까지 성장식품을 소개하였지만 주의할 점은 성장에 좋은 식품만을 편식하는 것은 결코 바람직하지 않다는 것이다. 식단의 황금 비율에 맞추어 영양을 섭취하면서 성장에 유익한 식품을 꾸준히 섭취하면 매우 유익하다.

	성장 권장식품	성장 유해식품
식품 종류	유기농우유 발효유(요구르트) 유기농 치즈와 버터 친환경 계란 검은콩(쥐눈이콩, 서리태) 칼슘식품 (멸치, 다시마, 톳, 고구마순, 난각)	수입 밀가루로 만든 음식 정제유와 튀긴 음식 정제당과 인공감미료 육가공식품, 직화구이 기타 가공식품과 식품첨가물 기타 가공양념 (정제염, 모조양조간장, 합성 식초)
식단 비율	식물성식품 70% (곡류, 발효식품, 채소, 과일, 해조류, 버섯, 견과류) 생선 및 해물류 15~20% 육류 5~10%	가공식품과 식품첨가물 5% 이내

06

우리 아이의 머리가
똑똑해지는 해독 식단

아이의 뇌를 해치는 정제당과 인공감미료

요즘에는 발달장애로 진료를 받는 아이들이 대단히 많아졌다. 이런 아이들의 대부분은 중증의 ADHD가 아닌 단체 생활에서 기본적인 규칙을 지키지 않거나 관계의 어려움을 겪는 아이들이다. 병원에 내원하였을 때 어머니들은 주로 아이의 주의력 산만, 집중력 부족, 학습 부진, 돌발적인 행동, 관계의 어려움 등을 호소한다.

이와 관련하여 최근에는 음식이 발달장애에 미치는 영향에 관한 연구가 매우 활발하게 진행 중이다. 가공식품과 인스턴트식품의 소비가 늘어나면서 의심의 눈초리가 음식으로 향하고 있는 것이다. 식품 중에서 가장 첫 번째로 지목되는 의심의 대상이 정제당과 인공감미료이다. 뇌는 매일같이 포도당을 에너지로 써야 하는데 정제당이 중간에서 훼방꾼 노릇을 한다. 정제당이란 가공 과정에서 사탕수수의 당밀 부분을 완전히 제거한 채 정제된 당분이다. 당밀의 비타민, 미네랄, 섬유질 같은 유용 성분을 배제하고 오로지 당분만을 분리한 순도 높은 당이다.

정제당의 유해성은 우선적으로 혈당관리시스템을 교란시킨다. 이는 어린아이도 예외가 아니다. 정제당을 지나치게 섭취하면 당탐닉증이 생긴다. 당탐닉증이란 단맛에서 벗어나지 못하는 중독 현상이다. 오랫동안 단맛 중독증이 이어지면 각각의 세포에서 혈당을 거부하는 인슐린 저항증이 뒤따른다. 인슐린 저항증으로 혈관에서 오도 가도 못하는 혈당은 결국 지방세포로 전환된다. 이와 함께 세포의 에너지원인 혈당이 에너지로 공급이 안 되면 모든 신체 조직에 에너지원이 고갈된다. 에너지 고갈 사태의 가장 큰 피해자는 뇌이다. 뇌는 포도당 이외의 어떤 당도 에너지원으로 이용하지 못하는 특성이 있다. 에너지 고갈 사태가 왔을 때 유독 뇌만이 에너지 쇼크로 이어진다.

정제당을 지속적으로 섭취하면 혈당관리시스템이 붕괴되는 가운데 에너지원이 고갈된 뇌는 정상적인 기능을 수행하지 못하게 된다. 뇌에 천연당이 충분히 공급되지 않으면 신경질과 짜증이 나고, 불안하고 초조해지며 집중력과 학습 능력이 떨어진다. 정제당과 인공감미료는 청소년 비행과 범죄의 원인으로도 꼽힌다. 이것이 정제당, 인공감미료가 뇌 기능과 정신 건강을 해치는 연결 고리이다. 발달장애에 유해식품인 정제당의 종류로는 백설탕, 황설탕, 흑설탕, 시럽, 물엿, 정제포도당, 정제과당 등이고 인공감미료로는 설탕보다 200~300배나 단맛을 내는 아스파탐, 스테비오사이드, 수크랄로스 등이 있다.

아이의 뇌를 해치는 트랜스지방산

뇌를 해치는 두 번째 유해식품은 트랜스지방산이다. 탄수화물의 탈을 쓴 나쁜 당이 정제당이라면 지방의 탈을 쓴 나쁜 지방이 트랜스지방산이다. 트랜스지방산은 어린아이의 뇌세포와 신경 체계를 공격하여 문제를 일으키는 주범이다. 뇌세포는 불포화지방산의 요구량이 대단히 높은 부위이다. 트랜스지방산과 오메가-3 지방산은 분자 구조가 너무나 흡사해서 우리 몸은 이 둘을 잘 구분하지 못한 채 받아들인다. 트랜스지방산이 오메가-3 지방산인양 철저하게 위장한 채 뇌세포와 신체 활동을 파괴하는 것이다. 현대는 16세기의 식단에 비해 오메가-3 지방산의 함량이 1/16 내지 1/20 수준에 불과하다. 트랜스지방산에 의해 필수지방산인 오메가-3 지방산이 결핍될수록 과잉행동장애, 주의력결핍 등의 증상을 보일 확률은 그만큼 높아진다. 포화지방 섭취량이 지나쳐도 좋지 않으므로 동식물성 기름이나 육가공식품의 섭취량도 줄여야 한다.

인공물질인 트랜스지방산은 대체로 2가지 경로로 우리 몸에 흡수된다. 정제해서 생산되는 식용유 제품과 마가린, 쇼트닝과 같은 인공경화유를 제조하는 과정에서 필연적으로 트랜스지방이 생성된다. 트랜스지방산은 아이들이 먹는 과자, 스낵류, 빵, 패스트푸드 등에 광범위하게 들어 있다. 지방산 연구의 권위자인 아트미스 시모포로스 박사는 분유를 먹는 아기의 학습 능력이 현저히 떨어진다는 사실과 그 이유가 분유에 오메가-3 지방산이 결핍된 점을 강조하였다. 심지어 수유를 하는 어머니가 트랜스지방산을 먹게 되면 모유의 질이 나빠지며 유아의 뇌 발육이 크게 손상된다. 트랜스지방산을 지속적으로 먹고 자란 아이의 지능장애를 예측하기란 어렵지 않다.

아이의 뇌를 해치는 식품첨가물

뇌를 해치는 세 번째 식품은 가공식품에 함유된 식품첨가물이다. MSG와 같은 식품첨가물은 중독성의 맛과 함께 뇌신경계를 불안정하게 만드는 신경교란물질이 포함되어 있다. MSG는 흥분성 신경전달물질로써 많이 먹으면 신경조직에 흡수되어 신경세포막을 파괴한다. 어린아이는 대뇌관문Blood-Brain Barrier, BBB이 발달하지 않아 극소량만으로도 뇌하수체가 파괴된다. 20세기 후반에 인류는 300만 가지의 화학물질을 합성하는데 성공하였다. 그중에서 3천8백 종을 식품첨가물로 이용하고 있다. 3천 종 이상의 어마어마한 식품첨가물이 매일 우리의 식탁을 오르내리고 있다. 통계에 의하면 한국인이 1년간 섭취하는 식품첨가물의 평균량이 약 25kg이라고 한다. 한 달에 2kg 이상, 하루에 70g 가까이를 섭취하는 셈이다.

앞에서 열거한 정제당과 인공감미료, 트랜스지방산, 식품첨가물은 모두 음식 속에 포함되어 소화기관을 통하여 장에서 흡수된다. 뇌의 건강에 장은 다른 어떤 장기보다도 지대한 영향을 끼치는 것으로 밝혀졌다. 심지어 장을 '제2의 뇌'로 명명하기도 한다. 최근에는 뇌의 신경세포와 동일한 신경세포가 장에 존재하며 뇌의 대표적인 신경전달물질이자 행복호르몬인 세로토닌의 80%가 장에서 생성되는 것으로 밝혀졌다. 이로 인해 장과 뇌의 관계는 더욱 명확해졌다. 정제당 인공감미료, 트랜스지방산, 식품첨가물은 입맛에는 더 없이 좋지만 일단 장으로 들어가서 일정량 이상이 쌓이면 어느 순간 독소로 돌변한다. 장에서 영양소가 아닌 독소가 쌓이면 그 독소가 직접적으로 뇌 기능을 망가뜨리거나 장내 환경을 악화시켜 세로토닌, 도파민 등의 중요한 뇌의 신경전달물질의 생성을 방해하게 된다.

아주 어린 나이에 중이염을 자주 앓으면 자폐증이나 ADHD가 될 확률이 높다. ADHD 및 자폐아동의 대부분이 유아기에 10번 이상 중이염에 걸린 병력이 있다. 중이염을 치료하는 과정에서 항생제를 자주 복용하면 장내 유익균이 거의 다 사멸되고 핵심 영양소인 비타민의 흡수가 방해되기 때문이다. 장의 독소가 뇌로 이동하는 과정은 장누수증후군과 연관이 있다. 융모세포벽 사이에 누수 현상이 생기면 그 틈으로 들어간 독소가 대뇌관문을 통과하여 뇌로 유입이 된다. 뇌에서 독소의 농도가 높아지면 자폐증을 비롯한 ADHD, 정신지체 등 다양한 뇌 기능장애가 발병된다.

우리 아이의 머리가 똑똑해지는 해독 식단

발달장애에 정제당과 인공감미료가 유해한 반면에 천연당이야말로 중요한 뇌의 에너지 공급원이 된다. 천연당을 적절하게 섭취하면 머리가 맑아지고 집중력이 향상되며 뇌의 피로감이 줄어든다. 천연당의 종류로는 정제하지 않은 유기농 원당, 천연꿀, 쌀조청, 메이플시럽, 아가베시럽, 유기농 원당으로 만든 발효액, 그리고 천연당이 풍부한 과일이다. 발달장애에 충분히 공급해야 할 지방은 오메가-3 지방산인 알파-리놀렌산이 풍부한 식품이다. 머리를 좋게 하는 DHA가 바로 알파-리놀렌산에 의해 생성된다. 오메가-3 지방산이 풍부한 대표적인 식품으로는 들깨식품_{들깨, 들깻잎, 들기름}, 등푸른생선_{고등어, 꽁치, 참치, 생선기름}, 아마인유 등이다. 콩 식품에는 오메가-2 지방산인 리놀산이 주로 많고 오메가-3 지방산도 일부 함유되어 있다. 호두와 같은 견과류에도 불포화지방산이 많은데 주로 오메가-2 지방산인 리놀산이 풍부하다. 발달장애를 치료할 때에는 식품첨가물이 함유된 가공식품을 가급적 삼가야 한다. 대신에 천연 양념, 천연 조미료로 간을 하는 것이 바람직하다. 천연 양념, 천연 조미료에는 직접 만든 맛된장, 맛간장, 고추장, 천일염, 천연 식초, 다시마 육수, 멸치 육수, 표고버섯 육수 등이 있다. 발달장애아의 장내 환경을 좋게 하기 위해서는 발효식품인 김치, 된장, 청국장, 장아찌 종류를 꾸준히 섭취하고 유산균 제품 역시 좋다. 발달장애아를 위한 식사의 황금 비율은 식물성식품 : 어패류 : 육류 : 가공식품의 비율이 70% : 15~20% : 5~10% : 5%의 비율이다.

	발달식품	유해식품
식품 종류	천연당 (유기농 원당, 메이플시럽, 아가베시럽, 천연꿀, 조청, 발효액) 오메가-3 지방산식품 (들깨식품, 등푸른생선, 아마인유, 콩식품) 천연 양념, 천연 조미료 발효식품 유산균 제품, 발효유 견과류	정제당과 인공감미료 트랜스지방산식품 (정제식용유와 인공경화유) 식품첨가물 육가공식품, 직화구이 수입 밀가루로 만든 음식 저질의 가공양념 가공된 우유 및 유제품 항생제의 잦은 복용
식단 비율	식물성식품 70% (오메가-3 지방산 함유식품, 곡류, 발효식품, 채소, 과일, 견과류, 해조류, 버섯) 등푸른생선 〉흰살생선, 어패류 15~20% 유산균 제품, 발효유 5% 육류 5%	가공식품과 식품첨가물 5% 이내

07

아이의 건강 다이어트에
효과적인 해독 식단

소아비만은 독소의 축적이 원인이다

비만 인구가 점점 더 증가하고 있다. 소아비만도 예외는 아니다. 아이
가 비만이라면 식습관을 무조건 바꾸려 하기보다는 비만의 정확한 원인
을 아는 것이 더욱 중요하다. 그렇지 않으면 아이가 무조건 굶는다든가
체중 조절의 실패에 따른 좌절감을 거듭 맛보게 된다. 비만은 비만도를
측정하는 체성분 검사의 결과만 따지면 항상 체지방의 많고 적음으로 평
가된다. 하지만 체지방 검사에서 나타나지 않는 비만의 근본 요인을 찾
아내는 것이 더 중요하다.

소아비만의 공통점은 과체중만이 아니다. 아이가 비만이 되면서 연관된 여러 가지 증상들이 나타난다. 뼈의 골화가 완전히 진행되지 않은 성장기에 과체중이 되면 다리가 X자형이 되기 쉽다. 하복부에 체지방이 많아지면서 음경이 작아진다. 장에는 가스가 많이 차고 더부룩하며 대변이 시원치가 않다. 동작이 둔해지고 집중력이 떨어지며 자주 누우려고 한다. 안면이나 손발이 잘 붓고 피부 트러블이 많다. 스트레스를 받으면 갑자기 폭식을 한다. 소아비만에서 이런 증상들이 많은 이유는 단순히 체지방이 많아서가 아니라 몸 안에 독소가 축적됐기 때문이다. 결론부터 말하자면 소아비만은 지방 축적이 아닌 독소 축적이 근본 원인이다. 과다한 체지방 역시 독소에 의해 형성된 노폐물의 일종이다.

지방 축적이 아닌 독소 축적이 원인임을 이해하고 나면 다른 증상들이 왜 병행되는지를 알 수 있다. 아이에게 독소가 있다고 하면 의아해하겠지만 여기서 독소는 중독성이 강한 독소가 아니라 체내에 천천히 쌓이는 독소이다. 주로 음식에 포함된 가공식품이나 식품첨가물이 몸 안에 축적되면 어느 순간 자가중독 현상을 일으킨다. 자가중독이란 체내의 신진대사 과정 중에 독소가 형성되어 중독 현상을 일으키는 것을 말한다.

소아비만은 주로 지나친 음식의 섭취량이나 불균형적인 식단 비율이 문제가 된다. 어려서 정제식품인 정제당을 가까이하면 조기에 혈당관리 시스템을 망가뜨린다. 유소아기에 과다한 포화지방의 섭취는 지방세포의 수나 크기를 증식시키고 트랜스지방산은 과산화지질을 생성시킨다.

장과 간이 건강해야 한다

소아비만은 아이 스스로 식욕 억제가 어렵다는 것이 가장 큰 고민이다. 비만 치료제에는 식욕억제제나 위장에서의 흡수를 방해하는 약들이 주로 처방된다. 이런 약들에 의한 식욕 억제 효과는 일시적이기도 하지만 더러 심계항진이나 불면과 같은 부작용이 나타난다. 소아비만일수록 이런 식의 비만 치료는 가급적 삼가야 한다. 하지만 비만을 독소의 관점에서 치료하면 부작용이 없는 안전하고 효과적인 치료가 가능하다. 비만 치료는 식욕 억제나 체지방 제거를 우선으로 하지만 독소 치료는 해독과 영양을 우선으로 한다. 해독이라고 하면 체내에서 무언가 독을 빼내어야 할 것 같은데 그렇지 않다.

우리 몸에는 해독을 담당하는 장기가 있다. 다름 아닌 장과 간이다. 1차 해독은 장이 담당하고 2차 해독은 간이 담당한다. 과체중인 아이는 장과 간의 기능이 약해져서 지방을 비롯한 체내의 독소들을 충분히 해독하지 못한다. 해독 치료는 해독을 담당하는 장과 간의 기능을 회복시키는 것이 가장 중요하다. 장과 간이 건강하면 우리 몸은 스스로 해독 기능을 수행한다. 또한 해독 치료에는 부영양소의 영양 보충이 필수적이다. 아이가 과체중이어도 필수적으로 부족한 영양 성분이 있는데 3대 영양소를 제외한 비타민, 미네랄, 효소, 항산화성분, 식이섬유 등이다. 부영양소는 그 각각의 기능도 매우 중요하지만 3대 영양소의 흡수 및 에너지 대사에도 필수적인 성분들이다.

아이의 건강 다이어트에 효과적인 해독 식단

다이어트를 위한 해독식품과 유해식품을 구분하면 다음의 표와 같다. 해독식품은 항산화력이 좋은 식품들로 해독에 도움이 되는 식품이다. 반면에 유해식품은 독소를 생성하는 과산화식품들이다. 해독식품 중에서 필수적으로 섭취해야 할 식품은 발효식품인 김치, 생청국장^{또는 청국장 가루}, 장아찌 종류이다. 이들 발효식품은 발효 과정에서 유익한 미생물과 기존에 없던 풍부한 생리활성물질이 생성된다. 발효식품을 섭취하면 장내 유산균을 늘려주고, 장 청소에 도움이 되며 배변 활동을 촉진한다. 다이어트에 야채와 과일은 필수적인데 특히 개인의 체질에 맞는 식이섬유 음식을 잘 선별하는 것도 중요하다. 식단의 비율에 있어서 질 좋은 육류, 계란, 우유를 0~5%로 제한한 이유는 체질에 따라 근육 및 체지방을 고려하여 섭취량을 결정하기 때문이다. 근육형의 아이는 생선, 해물, 콩식품만으로도 단백질 섭취가 충분하므로 이때는 육류, 계란, 우유의 섭취를 거의 제한한다. 반면에 저근육형이면서 기운이 약한 아이는 육류, 계란, 우유를 섭취해야 근력도 유지하고 체력 소모를 방지할 수 있다. 가공식품과 식품첨가물은 최대한 줄일수록 효과적이지만 급식을 고려하면 5% 이내의 제한은 사실상 불가능하다. 급식에는 가공식품과 식품첨가물이 제법 많은데 이때는 급식 상황에 맞추어 식단 계획을 짜야 한다.

	다이어트 해독식품	다이어트 유해식품
식품 종류	곡류 발효식품 (김치, 생청국장, 장아찌류) 야채와 과일 해조류 버섯류 견과류(소량) 천연 양념 생선, 해물류	수입 밀가루로 만든 음식 정제유와 튀긴 음식 정제당과 인공감미료 육가공품과 직화구이 기타 가공식품과 식품첨가물 기타 가공양념 (정제염, 모조양조간장, 합성 식초)
식단 비율	식물성식품 70~80% (곡류, 채소, 과일, 해조류, 견과류, 버섯류, 발효식품, 천연 양념) 생선 및 해물류 15~20% 질 좋은 육류, 우유, 계란 0~5% 가공식품과 식품첨가물 0~5%	

건강 다이어트를 위한 단계별 해독법

요즘에는 고도비만인 아이가 1~2%로 아주 드물지는 않다. 다이어트를 할 때에는 아이의 비만도를 고려하여 치료 기간이나 식이요법의 스케줄을 짜야 한다. 해독 다이어트를 위한 식사법에는 해독식, 일반식, 저당식의 3종류가 있다. '해독식'이란 위의 표를 기준으로 해독식품을 위주로 만든 식단이다. '일반식'이란 급식, 외식을 포함하여 일상적으로 먹는 식단이다. '저당식'이란 바나나, 사과, 귤, 방울토마토, 토마토, 고구마, 파프리카, 브로콜리 등의 당지수가 낮은 채소와 과일 중에서 1끼에 3~4가지 종류를 먹는 식단이다. 아이의 체질과 비만도에 따라 3종류의 식단을 활용하여 하루의 식단표를 짠다. 아래의 표에서 경도의 소아비만이면 1단계, 중등도 소아비만이면 2단계, 중중 소아비만이면 3단계의 식단대로 따른다. 해독 다이어트는 해독 치료를 위한 해독 처방을 병행한다. 해독 처방에는 해독 한약과 발효효소의 2가지가 있다. 해독 한약은 장과 간의 해독 기능을 강화하는 처방이며 탕약 또는 환약으로 처방한다. 발효효소는 부영양소인 비타민, 미네랄, 효소, 항산화 성분, 식이섬유를 보충하는 처방이다. 외식은 가능하면 주말에 하는 것이 바람직하다. 불가피하게 주중에 외식을 해야 한다면 식이요법이 어긋나지 않도록 식단을 변경해서 조정한다.

Level	다이어트 식단
1단계 (경도 소아비만)	아침 : 저당식, 해독 처방 점심 : 일반식 2/3의 양(급식) 저녁 : 해독식, 해독처방
2단계 (중등도 소아비만)	아침 : 단식, 해독 처방 점심 : 일반식 2/3의 양(급식) 저녁 : 해독식, 해독처방
3단계 (중증 소아비만)	아침 : 단식, 해독 처방 점심 : 일반식 1/2의 양(급식) 저녁 : 해독식, 해독처방

아기의 해독, 완모와 밥물분유

완전 모유 수유에 도전하자

아이를 건강하게 키우는 것은 평생의 밑천이자 자산이다. 건강하게 자란 아이가 건강한 삶을 누린다. 아이의 키 성장, 정서 발달, 면역력은 시기적으로 유년기가 대단히 중요하다. 아이의 성장은 출생 직후부터 만 2세의 연령대에 성장 속도가 가장 활발하다. 두뇌 발달과 성품의 형성은 만 3세 이전까지가 중요하다. 아토피, 소아천식, 알레르기비염 등의 알레르기는 출생 후부터 유치원 시기까지 집중해서 발병한다. 이런 점으로 볼 때 만 2세 이전의 영유아기는 매우 중요하다.

갓 태어난 아기에게 완벽한 식품은 단연 모유이다. 유사 이래로 모유를 대체하는 수많은 시도가 있었지만 모유에 가까운 식품은 아직까지 없다. 다만 19세기 말 이후에는 모유의 대체식으로 조제 분유가 확실하게 역할을 하고 있다. 조제 분유의 역사가 100년이 조금 더 되었지만 19세기 이전까지 오랜 세월 동안 모유의 대체식은 엄마의 젖을 대신한 유모의 젖이었다. 유럽 귀족 여성들은 상류층 사회의 활동을 위하여 의도적으로 유모에게 젖을 먹이도록 하였다. 우리나라에는 유모에 대한 기록이 거의 없는데 유럽에서는 고대 그리스 시대부터 근대에 이르기까지 유모의 젖이 절대적으로 엄마 젖을 대체하였다.

조제 분유는 시대적인 요구에 의해 탄생하였다. 봉건 사회가 무너지고 산업의 발달로 유모 역할을 하던 여성들이 대거 직업 활동을 하게 되면서 대체 수유 인력이 없어진 것이다. 그 당시 과도기적인 단계에서는 염소젖, 양젖, 소젖 등을 대신 먹이기도 하였다. 그 후로도 대체식에 관한 수많은 시도 끝에 스위스의 화학자인 앙리 네슬레가 우유를 저온에서 농축 건조시키는 기술로 조제 분유를 만들었다. 1920년대만 해도 인공분유의 위생에 위기도 있었지만 클린 밀크^Clean milk 캠페인과 저온살균법으로 극복을 하였다. 분유회사의 선두 주자였던 네슬레의 다국적 기업은 20세기 말 현재 세계 최대의 식품회사가 되었다.

공식 통계에 의하면 2001년도 우리나라 모유 수유율은 충격적인 수치인 10% 미만까지 추락하여 세계 최저 수준을 기록하기도 하였다. 이는 분유회사들의 산부인과, 산후조리원, 소아과에 대한 공격적인 마케팅 전략의 영향이 컸다. 그러던 것이 모유 수유 권장 운동이 벌어지면서 모유 수유율은 점차 회복되어 2010년 발표에는 완전 모유 수유율이 생후 1개월에 59.9%, 6개월에 50.2%까지 높아졌다. 그럼에도 2008년 ~2010 '세계 모유 수유의 동향 지표'에 의하면 조사 대상 33개 국가 중에서 우리나라는 23위에 불과하다.

완전 모유 수유란 모유 이외의 대체품인 분유, 주스, 차, 이유식 등을 일절 먹이지 않고 엄마젖만 먹이는 것을 의미한다. 유니세프^UNICEF와 세계보건기구는 생후 6개월 동안 완전 모유 수유를 할 것과 이 후에는 이유식과 함께 최소 2년 이상 엄마젖을 먹이도록 권장하고 있다. 시대가 바뀌고 출산 환경도 엄청난 변화가 있었지만 불변의 진리는 아기에게 완전식품은 모유라는 사실이다. 완전 모유 수유를 줄여서 '완모'라고 한다. 요즘엔 완모에 도전하는 어머니들이 상당수 늘었다.

완모는 최고의 해독약이다

완모 또는 모유 수유를 하면 분유 수유와 달리 어떤 유익이 있을까? 모유는 아기에게 주는 첫 번째 백신이다. 아기는 생후 1개월 때 처음으로 BCG 접종을 하지만 초유야말로 아기에게 필요한 각종 면역 성분과 항체가 풍부하다. 모유 수유를 하면 알레르기 가능성이 훨씬 줄어든다. 모유의 단백질과 지방, DHA 성분 등은 뇌 발달을 위한 최적의 영양 성분이며 엄마젖을 빨면 턱 근육이 발달하는데 이 역시 뇌 발달에 도움을 준다. 모유 수유는 어머니의 자궁 수축을 도와주고 유방암, 난소암 예방의 효과도 있다. 모유를 먹일 충분한 여건이 된다면 단연 모유 수유를 하고 아울러 완모에 도전하는 것이 바람직하다.

과거에 모유 수유율이 높았던 이유는 가정 분만을 했던 영향이 크다. 병의원이 없던 시절에는 출산을 집에서 할 수밖에 없었고, 의사가 아닌 조산사가 출산을 도와주었다. 지금은 출산 환경이 바뀌어 산부인과에서 의사의 도움을 받아 출산하므로 그만큼 출산 전후의 위험성이 줄었다. 그렇지만 오히려 출산 직후 아기가 엄마의 품이 아닌 신생아실에서 떨어져 지내는 병원 시스템에 의하여 수유 환경은 나빠졌다. 모유 수유의 성패는 출생 직후 수일 사이에 결정된다. 이때 초유 분비가 신속히 될 수 있도록 유방 마사지를 하고, 가능하면 병원에서부터 모유 수유를 하는 것이 좋다.

모유 수유가 항상 자연스러운 것은 아니다. 2~3일간 애를 써도 초유가 안 나와서 결국 포기하는 사례도 적지 않다. 그러나 모유 수유에 대한 의지가 강하다면 이 정도에서 포기해서는 안 된다. 출산 전 미리 유방 마사지에 대한 충분한 교육을 받은 후 인내심을 가지고 초유가 나오기까지 시도해 볼 필요가 있다. 2002년 SBS 방송국에서 방영된 프로그램 〈잘 먹고 잘 사는 법〉에는 쌍둥이 엄마가 눈물겹도록 모유 시도를 한 끝에 성공한 사례가 소개되었다. 출산 2주 만에 기적적으로 모유가 나와서 쌍둥이를 한꺼번에 수유하는 장면은 실로 감동적이었다. 모유 수유율은 아무리 높여도 지나치지 않다. 완모는 어머니가 아기에게 줄 수 있는 인생 최대의 선물이자 최고의 해독약이다.

수유의 어려움

육아의 어려움은 육아를 한 부모만이 안다. 개인적으로도 딸 셋을 키우면서 20년이 훌쩍 지났지만 육아에서 쓰디 쓴 실패를 한 경험들이 부지기수이다. 의료인이라고 해서 육아에 탁월할 거라는 생각은 오산이다. 역시 가정에 돌아가면 한 사람의 평범한 가장일 뿐이다. 다만 환자로 내원하는 다른 가정의 삶을 거울삼아 볼 기회가 조금 더 많은 셈이다. 그런 시행착오를 겪으면서 조금씩 깨우치고 수정해가면서 남들에게도 육아에 대한 나름의 조언을 하고 있다.

육아에 있어서도 현대적인 방식과 전통적인 방식이 충돌할 때가 생각 외로 많다. 이때 전통적인 방식은 무조건 구시대적이거나 낡은 사고이고, 현대적인 방식은 과학적이고 옳다는 시각은 맞지 않다. 이런 갈등은 젊은 부부와 노부모 사이의 세대 간에 빈번하고, 비슷한 연령대의 세대에서도 얼마든지 벌어진다. 아기에게 수유를 하다 보면 이런 충돌이 제법 발생한다. 우리나라는 전통적으로 모유 수유를 선호하는 민족이다. 그런데 모유 수유율의 통계에서도 나타났듯이 지난 40년 사이에 극과 극의 변화를 보여왔다.

1970년대만 하더라도 99.7%에 달하던 모유 수유율이 2002년에 6.7%로 그야말로 곤두박질하였다가 2010년에는 완모율이 50~60%까지 회복되었다. 이는 모유나 분유

의 질적 변화가 아닌 외부적인 요인, 즉 출산 환경의 변화와 분유 광고, 모유 수유에 관한 인식 차이에 따른 것이었다. 무엇이든지 한번 내리막길로 접어들면 좀처럼 회복하기 힘든 것이 세상 사는 이치이다. 그런데 모유 수유율이 완만하나마 다시 상승 곡선으로 돌아선 건 천만다행이 아닐 수 없다.

모유 수유를 지속적으로 권장하는 이유는 분유가 모방할 수 없는 모유만의 뛰어난 효능이 있기 때문이다. 분유를 아무리 강화하여도 모유의 면역력, 뇌 발달 촉진, 소화 흡수력을 따라올 수가 없다. 이런 분유의 한계를 제대로 인식하는 것은 바람직한 사고이다. 그래야만 모유 수유에 대한 동기 부여가 더 된다. 아무리 그래도 분유가 차선책이 될 수 있음을 또한 인정해야 한다. 모유 수유가 불가능할 때 분유 수유는 가장 현실적인 대안이기 때문이다. 이러한 모유와 분유의 관계 설정에서 수유의 제반 문제를 풀어나가는 것이 좋다.

사실 분유 수유를 하는데 아기가 신체 발달도 양호하고 정서적으로 안정되어 있다면 문제 삼을 것이 없다. 지나치게 분유에 대한 거부감을 가지면 더 큰 난관에 봉착하게 된다. 하지만 분유 수유를 하는 중에 몇 가지 문제가 생긴다면 이때는 모종의 조치가 필요하다. 그 대표적인 사례가 영아아토피, 유당불내증으로 인한 장기간의 설사, 장염으로 인한 설사, 아기의 분유 수유 거부, 신체 발육 저하 등이다. 이런 상황이 지속될 때 아기를 위하여 어머니가 할 수 있는 식생활 개선이란 생각 외로 없다. 물론 소아과에서 치료를 받겠지만 아토피나 유당불내증, 분유 수유 거부가 단시간에 쉽게 해결될 문제가 아니다. 이럴 때 시도해 볼 수 있는 방법이 밥물을 만들어서 물 대신에 분유에 타는 방법이다. 밥물은 물에 가깝게 아주 연한 액상 상태이지 미음이 아니다.

밥물분유를 만드는 법

밥물을 만드는 방법에는 몇 가지가 있다.

① 쌀을 조금만 불렸다가 물과 함께 냄비에 넣고 팔팔 끓인 후에 체에 걸러서 쓴다.

② 약간의 밥을 숟가락으로 으깬 다음 물과 함께 냄비에 넣고 ①번과 같이 한다.

③ 밥을 한 다음 냄비 바닥에 누룽지만 눌러 붙었을 때 물을 붓고 팔팔 끓여낸다.

④ 밥을 할 때 전기밥솥이나 압력밥솥의 한 가운데 스텐 밥그릇을 넣어두고 밥을 하면 끓는 중에 자연스럽게 그릇 안에 밥물이 모이게 된다.

이 중에서 ①번은 과정이 너무 번거롭고 반대로 ②, ③번은 매우 쉽다. ④번은 제일 지혜로운 방법이 아닐까 한다. 밥물의 재료로 찹쌀은 너무 걸쭉하므로 멥쌀이 적합하다.

그러면 밥물의 효능이나 가치는 얼마나 될까? 우선 밥물의 칼로리나 영양적인 가치는 미미한 수준이다. 하지만 속을 따뜻하게 하고 소화를 도와주는 효능이 있다. 분유의 단점이 소화 흡수에 있는데 밥물은 이 단점을 보완하는 역할로써 매우 적절하다. 한의학에서는 속이 냉하고 위장병이 있는 환자에게 처방을 할 때 멥쌀을 보조약으로 쓴다. 오장의 기운을 북돋우며 갈증을 없애고 설사를 멈추게 하기 때문이다.

분유가 없던 시절, 모유도 안 나오고 젖동냥도 어려우면 우리네 어머니들은 아기에게 밥물이나 암죽을 먹였었다. 먼 얘기가 아니라 필자의 집안에도 그런 사례가 있다. 7녀 2남의 여섯 째 딸로 태어났던 육촌 여동생의 실화이다. 작은 증조모께서 젖이 아예 안 나오자 이 딸에게 생후 몇 개월간 오로지 밥물과 미음만 먹였다. 그렇게 자란 탓에 다른 형제에 비하여 손발이 가늘다고 한탄을 하셨지만 그래도 병치레는 없었다고 한다. 요즘 어머니들이 들으면 말도 안 되는 소리라고 하겠지만 열악한 수유 환경

을 그나마 잘 극복하였던 것이다.

밥물을 이전 세대의 구시대적인 방식이라고 터부시하는 건 옳지 않다. 육아 환경이 고달팠던 그 시절의 자구책이었든, 한의사의 도움을 받은 방법이었든 알 길이 없으나 밥물에는 우리 선조들의 지혜가 담겨 있다. 현대에 와서 분유의 흡수장애에 밥물을 활용하는 것은 현대의 수유법과 전통적인 방식이 잘 융합된 수유법으로 손색이 없다. 오늘날은 분유의 한계를 보완할 수 있는 매우 실제적인 조치가 요구되고 있다.